局域网组建实训教程

——交换机和路由器配置

主　编　杨海军
副主编　谢　文　朱佳轩

中国建材工业出版社

图书在版编目（CIP）数据

局域网组建实训教程：交换机和路由器配置/杨海军主编．--北京：中国建材工业出版社，2021.12（2023.8 重印）

ISBN 978-7-5160-3264-0

Ⅰ.①局…　Ⅱ.①杨…　Ⅲ.①局域网—教材　Ⅳ.①TP393.1

中国版本图书馆 CIP 数据核字（2021）第 154306 号

局域网组建实训教程——交换机和路由器配置

Juyuwang Zujian Shixun Jiaocheng——Jiaohuanji he Luyouqi Peizhi

主编　杨海军

出版发行：中国建材工业出版社

地　　址：北京市海淀区三里河路 11 号

邮　　编：100831

经　　销：全国各地新华书店

印　　刷：北京印刷集团有限责任公司

开　　本：787mm×1092mm　1/16

印　　张：11

字　　数：260 千字

版　　次：2021 年 12 月第 1 版

印　　次：2023 年 8 月第 2 次

定　　价：**46.80 元**

本社网址：www.jccbs.com，微信公众号：zgjcgycbs

前　言

“局域网组建”是计算机网络技术专业的一门核心专业课程，《局域网组建实训教程——交换机和路由器配置》是该课程的配套实训教程，目的是让学生掌握在局域网组建中网络设备（交换机和路由器）的配置和管理，培养学生熟练掌握交换机和路由器的基本配置、VLAN 的划分、路由协议的配置、广域网协议封装、无线网组建等。

本书在开发过程中以“课程对接岗位”为切入点，构建“以工作过程为导向，集职业素质培养、能力本位为一体”的课程体系。在课程设置上，对标计算机网络技术专业主要培养的职业方向（计算机网络设备调试员、网络管理员、网络与信息安全管理员等）及其主要工作任务，将工作内容划分为相应的能力元素，立足岗位、重视素质、突出能力为主旨的原则。

本书共分为九个项目：

项目一简要介绍了交换机和路由器的配置方法。

项目二和项目三简要介绍了交换机（三层交换机）的配置和管理。

项目四简要介绍了路由器的配置。

项目五简要介绍了广域网协议的封装。

项目六简要介绍了路由器静态路由和动态路由的配置。

项目七简要介绍了网络地址转换技术。

项目八简要介绍了网络访问控制技术。

项目九简要介绍了无线网组建。

本书由贵州电子商务职业技术学院杨海军老师主编，谢文、朱佳轩等多名教师参加了本书的编写工作。其中项目一由黄靖棋、程文智老师编写，项目二及项目三由谢文、吴沣恒老师编写，项目四由陈偲颖老师编写，项目五由王拓老师编写，项目六由杨海军老师编写，项目七至项目九由朱佳轩老师编写。

由于教材编写团队水平有限，本书中难免存在着不足及疏漏之处，敬请各位专家及读者不吝赐教，我们将不胜感激。

编　者

2021 年 6 月

目　　录

项目一　网络设备配置

任务一　认识交换机和路由器

【任务描述】

交换机和路由器是组建网络的重要设备。为了更好地管理和优化网络，作为网络管理员，需要熟练掌握交换机和路由器的相关知识。

【知识准备】

一、交换机的基本概念

交换机（Switch）是一种用于电信号转发的网络设备，可以为接入任意两个网络节点的设备提供独享的电信号通路，如图 1-1-1 所示。

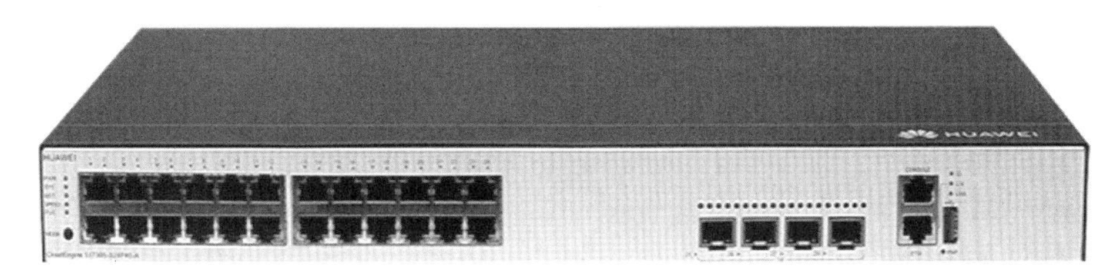

图 1-1-1　交换机

二、交换机的基本参数

1. 交换机的背板带宽是指交换机处理数据总线间所能吞吐的最大数据量。一台交换机的背板带宽越高，处理数据的能力就越强，包转发率就越高。

2. 交换机的包转发率反映交换机转发数据包能力的大小。

3. 交换机设备的端口数量是交换机最直观的配置参数，常见端口数有 8、12、16、24、48 等几种。

4. 交换机的传输速度是指交换机端口的数据交换速度，目前常见的有 10Mbit/s、100Mbit/s、1000Mbit/s 等。

三、路由器的基本概念

路由器（Router）是用于网络互联的计算机设备，连接多个独立的网络或者子网，实现它们之间的最佳路径和数据传输，如图 1-1-2 所示。例如因特网中的各种局域网、广域网可以说是网络的交通枢纽。

图 1-1-2 路由器

四、路由器的基本参数

1. 路由器的端口结构分为模块化和非模块化两种。模块化路由器主要是指该路由器的接口类型及部分扩展功能可以根据用户的实际需求配置。非模块化路由器都是低端路由器，平时家用的即为这类。该类路由器主要用于连接家庭或 ISP（互联网服务提供商）的小型企业客户。

2. 路由器的传输速率。路由器常见速率标识为 Mbit/s，或简写为 M，是用于描述数据传输快慢的单位，速率越大，数据流速越快。例如，路由器上的 10/100/1000Mbit/s 表示：路由器的最高传输速率是 1000Mbit/s，最低传输速率是 10Mbit/s，它会根据计算机实际的传输速率来调节。

3. 路由器的 VPN 功能。VPN 是虚拟出来的企业内部专线。它的核心就是在利用公共网络建立虚拟私有网。

4. 路由器的 QoS（Quality of Service，服务质量）。在网络饱和时，QoS 让重要的程序能优先使用一定的带宽，来保证这些程序不断线，确保重要业务量不受延迟或丢弃，同时保证网络的高效运行。

【任务实施】

一、认识交换机

1. 认识交换机的端口

(1) RJ-45 端口

交换机 RJ-45 端口（以太网端口）是应用最广泛的端口，传输介质都是双绞线。交换机端口如图 1-1-3 所示。

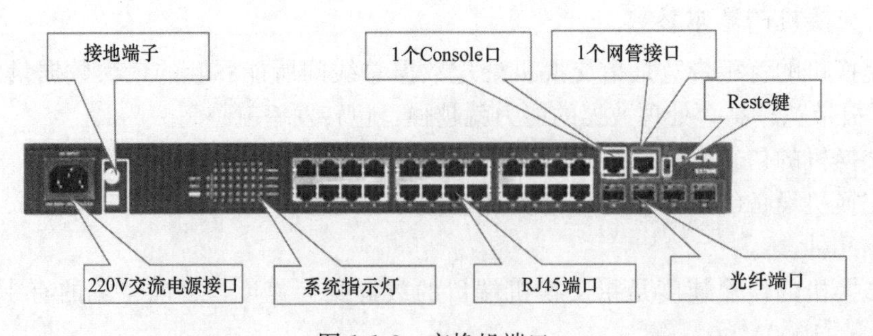

图 1-1-3 交换机端口

(2) Console 端口

交换机上一般都有 1 个 Console 端口，它是最基本的管理和配置端口。通过 Console 端口连接并配置交换机，是配置和管理交换机必须经过的步骤。

2. 交换机的分类

（1）按网络覆盖范围可划分为：广域网交换机、局域网交换机。

（2）按传输介质和传输速度可划分为：以太网交换机、千兆以太网交换机等。

（3）按应用网络层次可划分为：企业级交换机、校园网交换机等。

（4）按端口结构可划分为：固定端口交换机、模块化交换机。

（5）按工作协议层可划分为：第二层交换机、第三层交换机等。

（6）按是否支持网管功能可划分为：网管型交换机、非网管型交换机。

二、认识路由器

1. 路由器的接口

（1）WAN（广域网）接口：用来连接互联网服务提供商线路的接口。

（2）LAN（局域网）接口：用来连接交换机或者台式机、笔记本、打印机等网络设备的接口。可以通过交换机扩展多个接口来连接多个设备。

路由器的接口如图 1-1-4 所示。

图 1-1-4　路由器的接口

2. 路由器的分类

（1）按功能划分：骨干级路由器、企业级路由器、接入级路由器。

（2）按结构划分：模块化路由器、非模块化路由器。

（3）按性能划分：线速路由器、非线速路由器。

（4）按网络位置划分：边界路由器、中间节点路由器。

【任务小结】

交换机和路由器是组建网络的重要设备，交换机能够提供更多的扩展接口，路由器能够实现不同网络之间的互联。

【拓展练习】

结合网络实训室的真实环境，通过小组讨论、信息检索等方式，对实训室内的路由器和交换机设备进行统计，填写任务单。任务单示例如表 1-1-1 所示。

表 1-1-1　任务单示例

设备类别	型号	数量	主要参数	主要功能
交换机				
路由器				

扫码观看
任务视频

任务二　网络设备配置方法

【任务描述】

在网络组建过程中，通常需要对路由器和交换机进行配置，因此需要熟练掌握路由器和交换机的配置方法。网络管理员可以通过超级终端、SecureCRT 等方式对设备进行配置。此外，还可以通过使用模拟器（Cisco Packet Tracer）模拟真实的网络工作场景，熟悉设备的配置和管理。

【知识准备】

一、了解超级终端

超级终端是一款终端仿真程序，功能强大、连接方式多样，能够通过 Telnet 或 ssh 协议远程连接系统，也可以通过拨号上网或直接使用线缆将计算机串口连接到设备。超级终端连接快速，操作界面简洁，很好地融合 Windows 操作系统，许多 Windows 用户都选择超级终端软件对网络设备进行管理，如图 1-2-1 所示。

二、了解 SecureCRT 软件

SecureCRT 是一款终端仿真程序，支持 ssh 协议（专为远程登录会话和其他网络服务提供安全性的协议），同时也支持 Telnet 和 Rlogin 协议，可以通过 PC 主机与交换机、路由器连接来管理设备，也可以通过 ssh 协议免密登录远程服务器的方式建立远程连接。SecureCRT 拥有良好的图形操作界面，简洁方便，连接快速，可以代替超级终端和 Telnet 命令，可以在 Windows、Linux、Mac、iOS 等多种平台使用，很受用户的欢迎，如图 1-2-2 所示。

图 1-2-1　超级终端

图 1-2-2　SecureCRT

三、了解 Cisco Packet Tracer

Cisco Packet Tracer 是由 Cisco 公司开发打造的一款网络模拟工具，可为用户模拟提供真实操作的场景，用户可以在图形界面上建立、部署网络拓扑。Cisco Packet Tracer 根据不同的情况提供相应的数据，方便学习者观察网络实时运行情况，提高学习者的

实操经验。其功能强大、性能优秀、工作界面简洁易懂、操作方便，被广泛应用在学习、工作中，可以通过使用 Cisco Packet Tracer 练习设置路由器、交换机等各种设备，也可以使用它模拟各种网络设备构建简单或复杂的网络。Cisco Packet Tracer 同时支持模拟多种网络协议，如 STP、HSRP、RIP、HDLC、PPP 等，在学习、工作中具有广泛的应用前景。

四、认识网络拓扑图

网络拓扑图是指由网络设备和通信介质构成的网络结构图。网络中的结构关系将在网络拓扑图中展示，能反映出设备间的结构关系、通信介质，以及设备之间的连通性与通信方式，甚至能影响到网络的性能、设备成本、管理成本、可靠性等。所以在整个网络设计中网络拓扑图的设计是非常重要的。图 1-2-3 为一个简单的网络拓扑图。

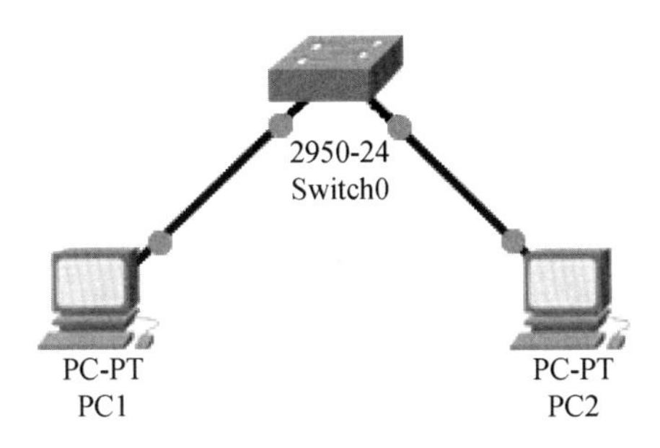

图 1-2-3　简单的网络拓扑图

【任务实施】

一、通过超级终端配置设备

1. 下载超级终端

在官网中（https：//www. hilgraeve. com/）下载超级终端。

2. 安装超级终端

（1）双击下载好的安装包，在弹出的安装向导对话框（图 1-2-4）中，单击“下一步”按钮。

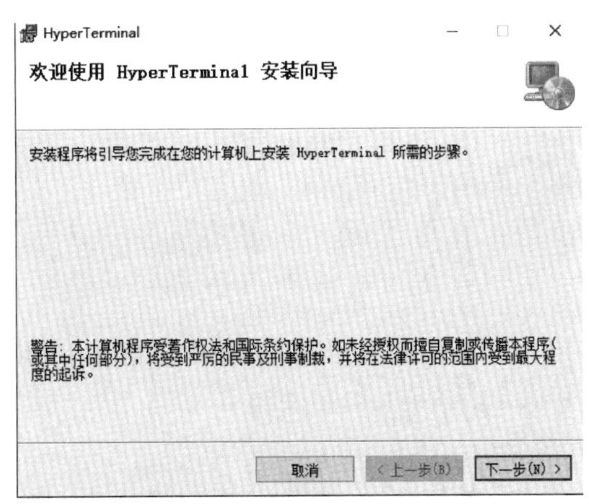

图 1-2-4　安装向导对话框

（2）在弹出的选择安装文件夹对话框（图 1-2-5）中单击“浏览”按钮，选择安装目录，单击“下一步”按钮。

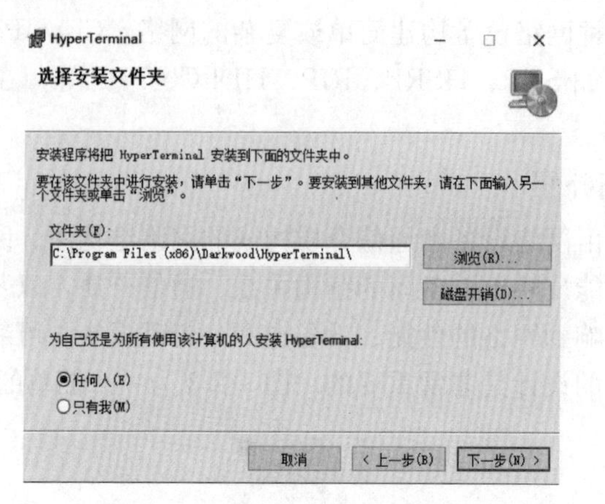

图 1-2-5　选择安装文件夹对话框

（3）进入确认安装信息对话框（图 1-2-6），单击“下一步”按钮后等待安装。

（4）成功安装超级终端后，将弹出如图 1-2-7 所示的对话框，单击“关闭”按钮。

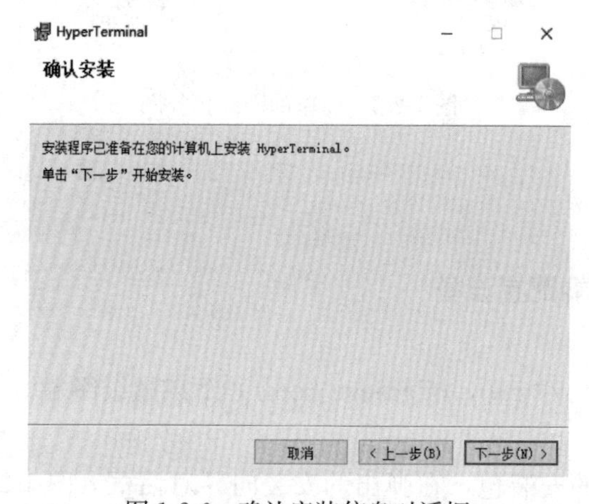

图 1-2-6　确认安装信息对话框

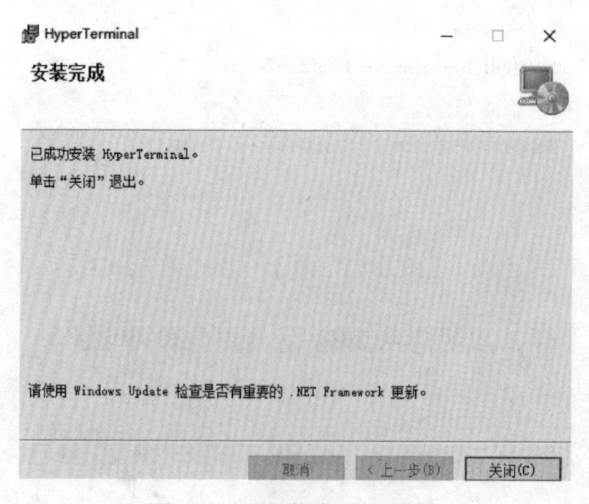

图 1-2-7　安装完成对话框

3. 超级终端连接路由器

（1）将路由器与计算机通过Console线缆进行物理连接。把Console线缆的水晶头一端插入路由器的Console接口，将线缆的另一端插入计算机上的串口（COM口），如图1-2-8所示。

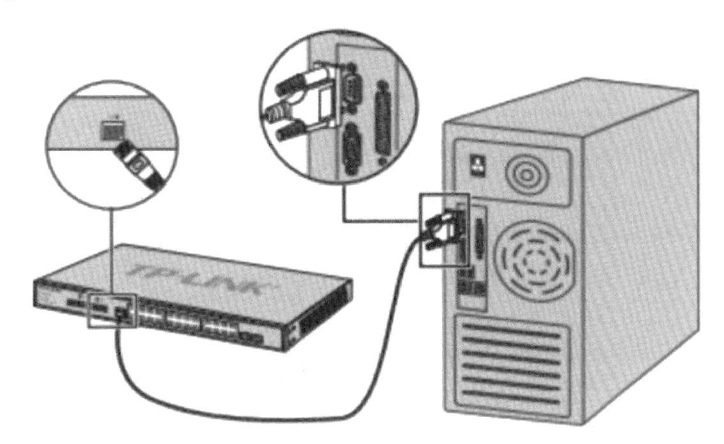

图1-2-8　连接路由器与计算机

（2）超级终端连接路由器。在超级终端中选择“新建连接”，连接类型选择“COM1”。连接参数设置如下：“串口”选项，选择计算机连接时的端口号，如COM1；“波特率”选项，多数设备默认为9600，如果修改过，请选择修改后的参数；其余参数可根据设备的情况进行选择。选择完成后单击“确定”按钮，成功连接路由器，如图1-2-9所示。

图1-2-9　连接成功

二、利用SecureCRT配置设备

1. 下载SecureCRT软件

在官网（https：//www.vandyke.com/）中下载SecureCRT软件。

2. 安装SecureCRT软件

（1）双击安装包开始安装。进入许可协议界面，此时应选择I accept the terms in the license agreement（图1-2-10），并单击Next按钮。

（2）在如图1-2-11所示的对话框中，需设置用户配置文件。有两种配置文件可供选择：Common profile（通用配置文件）、Personal profile（个人配置文件）。选择Common profile，并单击Next按钮。

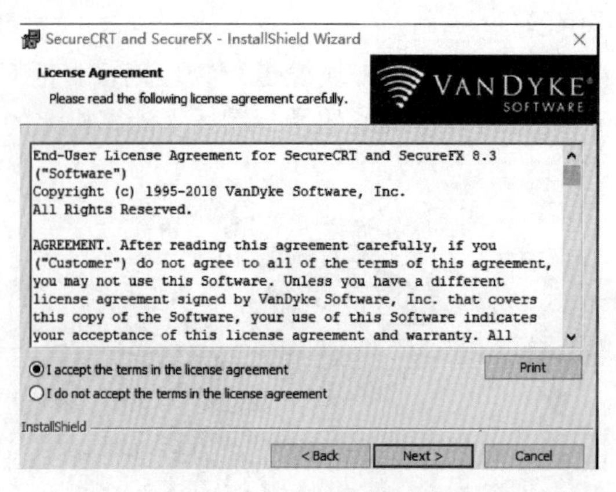

图 1-2-10　许可协议对话框

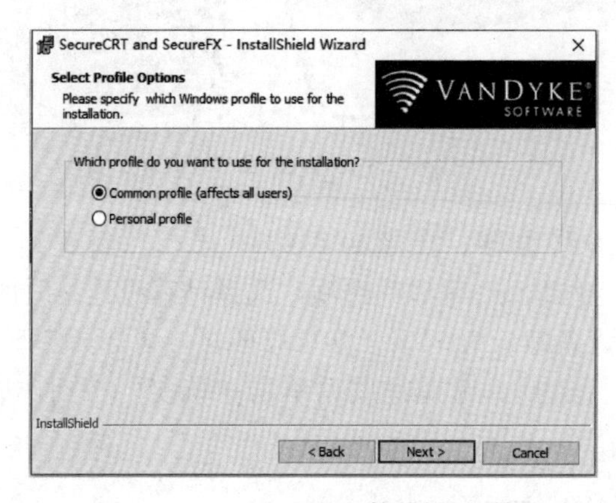

图 1-2-11　用户配置文件选择对话框

（3）进入安装方式选择对话框，如图 1-2-12 所示。有两种可供选择的安装方式：Complete（完全安装）、Custom（自定义安装）。选择 Complete，单击 Next 按钮。

（4）进入安装提示对话框，这里会显示之前设置的所有内容，如图 1-2-13 所示。确认安装信息无误后，单击下方的 Install 按钮等待安装。

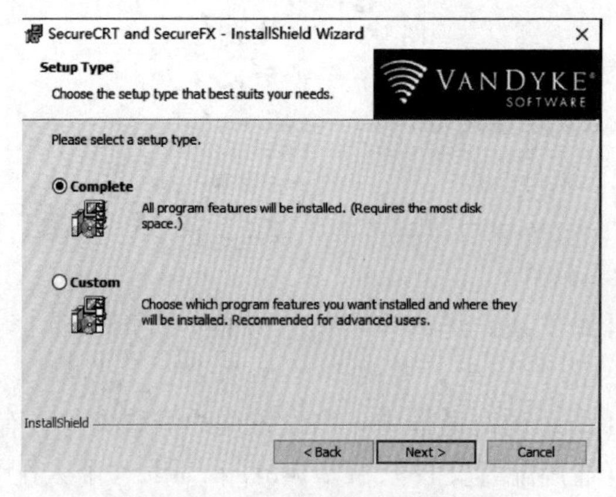

图 1-2-12　安装方式选择对话框

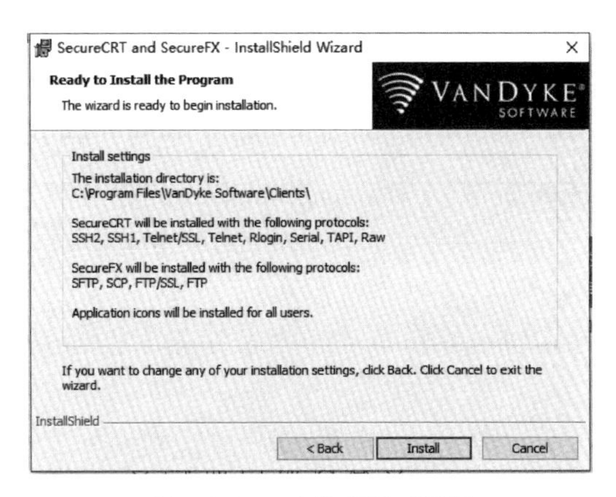

图 1-2-13　安装提示对话框

3. SecureCRT 连接交换机

（1）通过 Console 线缆将交换机与计算机进行物理连接。把 Console 线缆的水晶头一端插入交换机的 Console 口，将线缆的另一端插入计算机上的串口（COM 口）。

（2）打开 SecureCRT 软件，单击软件上方的“快速连接”图标。如图 1-2-14 所示，相关配置参数如下：

1）Protocol 选项：连接方式，选择 Serial。

2）Port 选项：选择计算机的串口，一般默认为 COM1。

3）Baud rate 选项：选择设备的波特率，大多数设备默认为 9600，如果修改过，请选择修改后的参数。设置好以上参数，单击下方的 Connect 按钮，成功连接交换机，如图 1-2-15 所示。

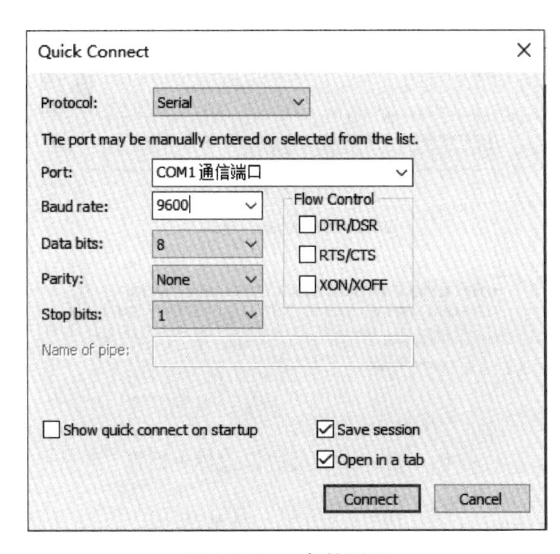

图 1-2-14　参数设置

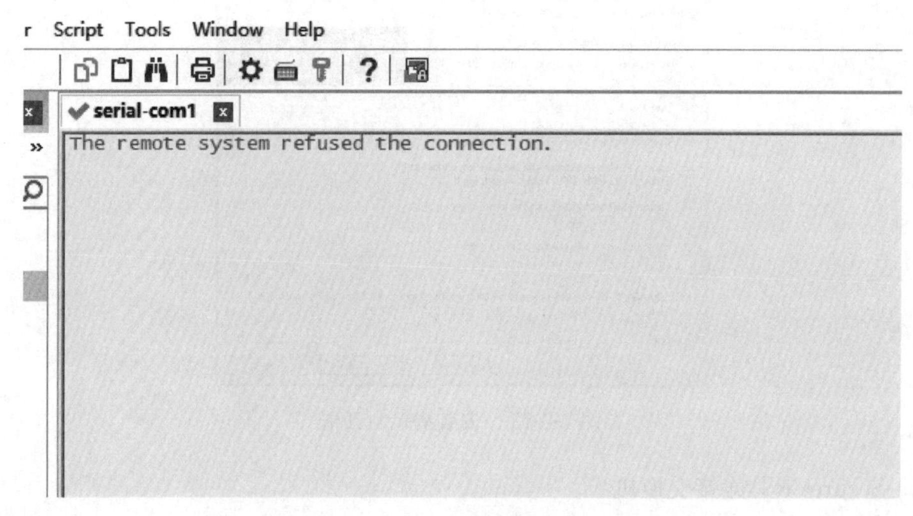

图 1-2-15 连接成功

三、Cisco Packet Tracer

1. 下载 Cisco Packet Tracer 6. 2 Student

在 Cisco 的官方网站（https：//www. packettracernetwork. com/）中下载软件。本教材中采用 Cisco Packet Tracer 6. 2 Student。

2. 安装 Cisco Packet Tracer

（1）双击安装包开始安装软件。进入“许可协议”对话框，选择 I accept the agreement 并单击 Next 按钮，如图 1-2-16 所示。

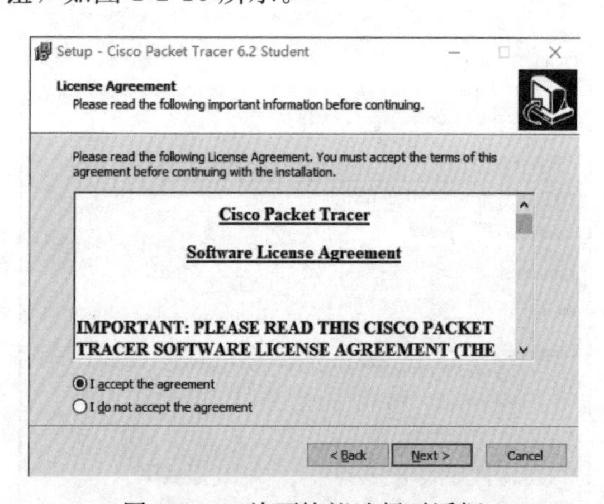

图 1-2-16 许可协议选择对话框

（2）在安装目录提示对话框（图 1-2-17）中单击 Browse 按钮选择安装目录，选择完成后单击 Next 按钮。

（3）如图 1-2-18 所示为安装目录提示信息对话框。该对话框中列出了之前所设置的安装软件的信息。检查无误后，单击 Install 按钮开始安装 Cisco Packet Tracer 6. 2 Student。

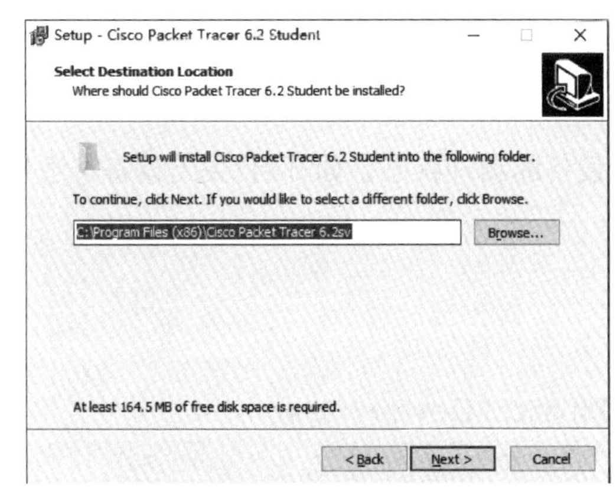

图 1-2-17　安装目录提示对话框

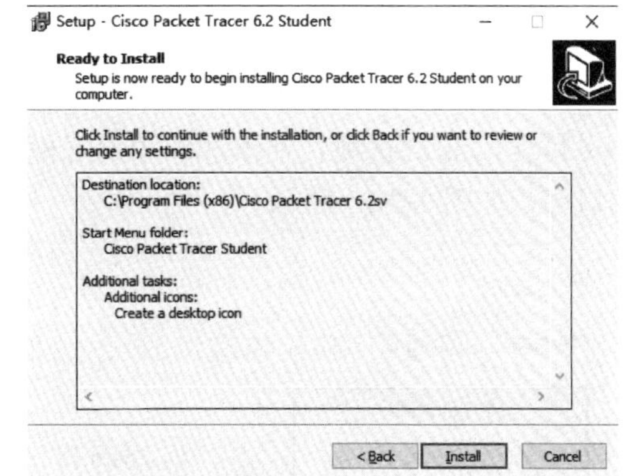

图 1-2-18　安装目录提示信息对话框

3. Cisco Packet Tracer 6. 2 Student 的应用

(1) 应用界面

Cisco Packet Tracer 6. 2 Student 应用界面如图 1-2-19 所示，主要包括以下部分：

1) 工作区。Cisco Packet Tracer 6. 2 Student 软件的中间空白处为工作区，可以建立网络拓扑图，模拟组建网络，管理配置网络设备。

2) 工具栏。软件界面中的右侧是工具栏，主要有选择、移动、备注、删除等工具，在使用 Cisco Packet Tracer Student 建立网络拓扑图时，需要切换对应的工具。

3) 设备栏。软件界面中的左下方是模拟设备栏，在此栏中选择常用的终端设备，如 PC、路由器、交换机等。

图 1-2-19　Cisco Packet Tracer 6. 2 Student 软件应用界面

(2) 模拟终端设备

在设备栏中可以选择网络设备，拖动设备进入工作区构建网络拓扑图。单击设备的图标，可选择设备的设置选项，具体功能如下：

1) Physical 选项：在该选项中设置模拟设备的物理状态，如开启/关闭设备，添加端口等，如图 1-2-20 所示。

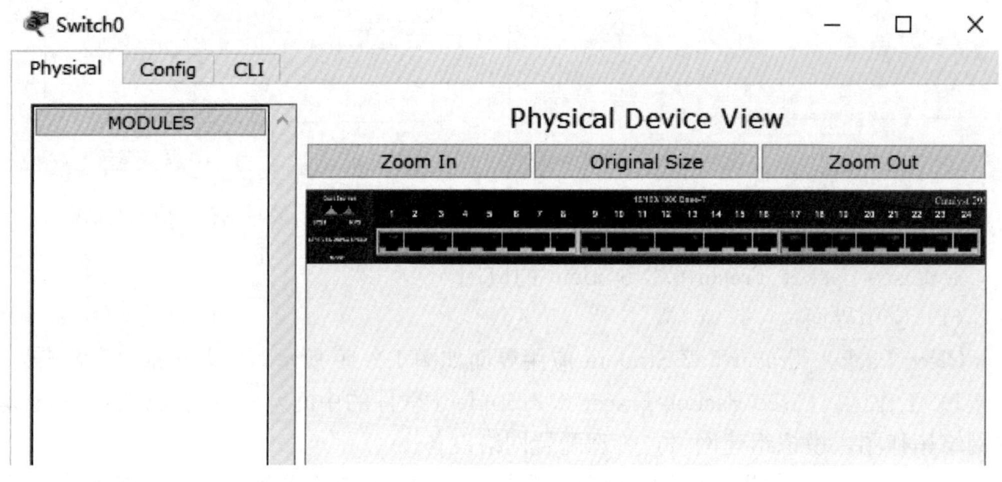

图 1-2-20 Physical 选项界面

2) Config 选项：在该选项中设置设备的参数信息、修改设备名字、配置接口信息等，如图 1-2-21 所示。

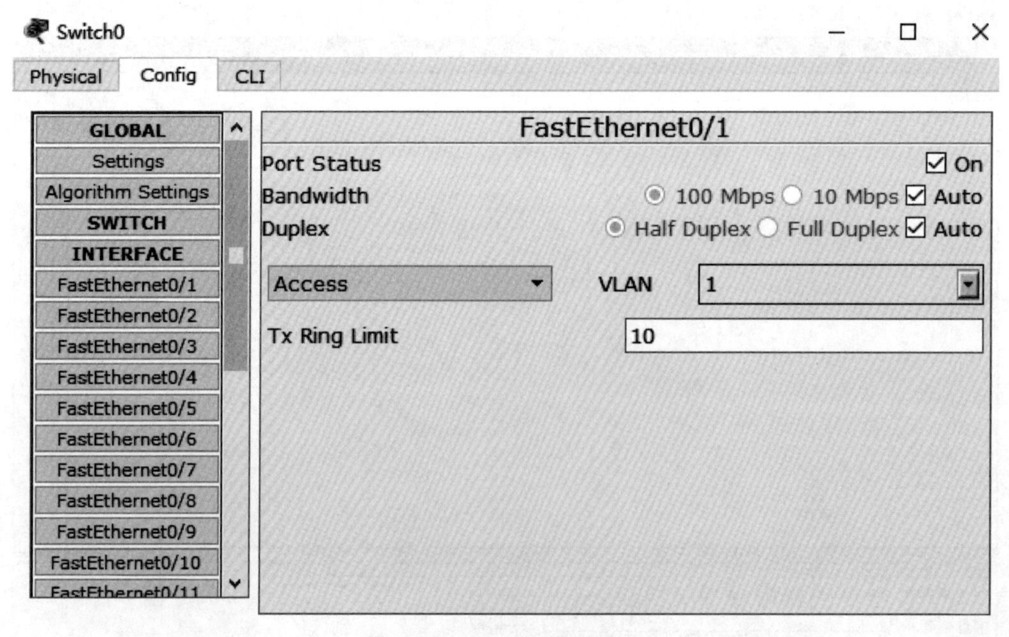

图 1-2-21 Config 选项界面

3）CLI 选项：该选项中 CLI 为命令行界面，在命令行界面中输入命令对设备进行配置管理，如图 1-2-22 所示。

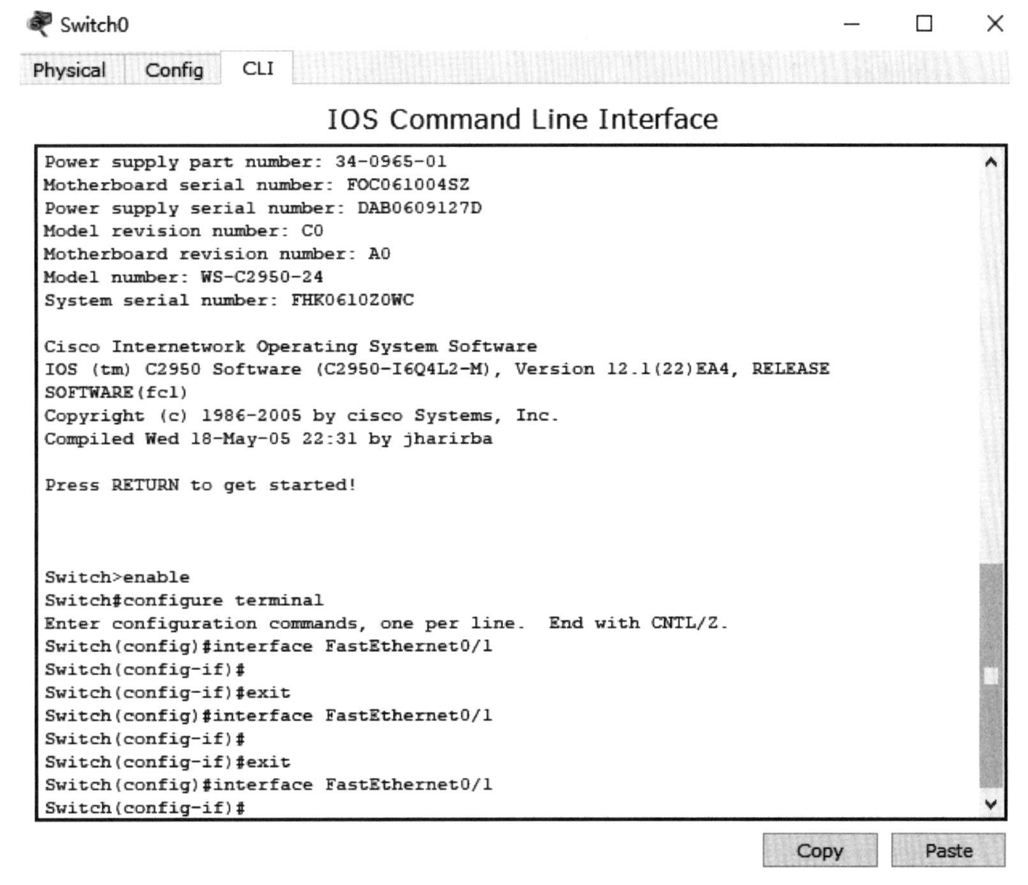

图 1-2-22　CLI 选项界面

4. Cisco Packet Tracer 6.2 Student 的汉化

（1）在 Cisco Packet Tracer 6.2 Student 上方的选项中打开 Options 选项（图 1-2-23），选择 Preferences。

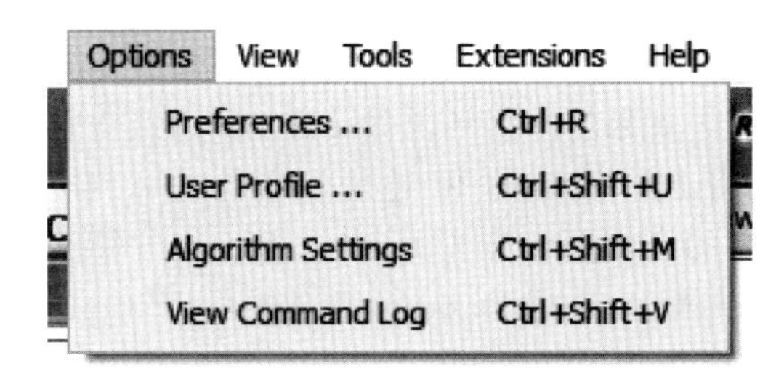

图 1-2-23　Options 选项

（2）选择 Chinese. ptl 选项，并单击 Change Language 按钮，如图 1-2-24 所示。

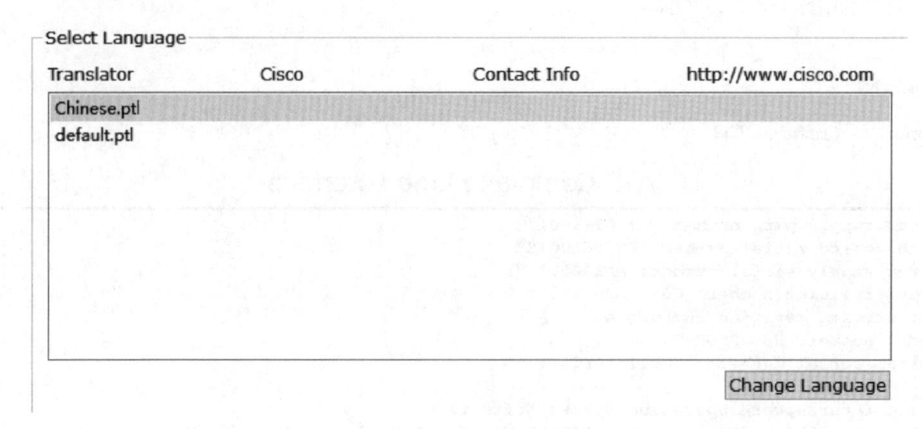

图 1-2-24　选择语言

（3）重启 Cisco Packet Tracer 6. 2 Student，即可完成汉化。

5. 建立简单的网络拓扑图

（1）实验拓扑图如图 1-2-25 所示。

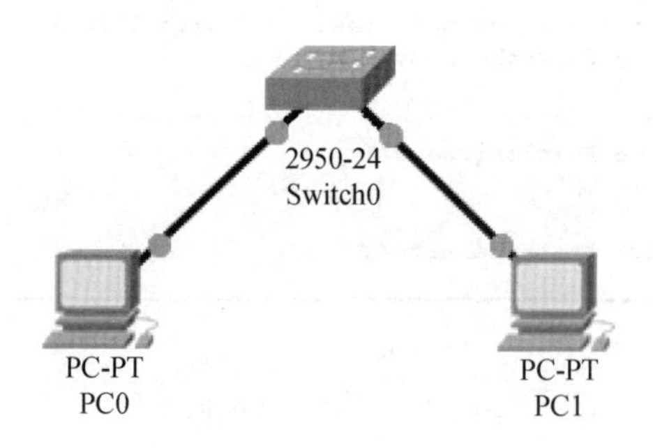

图 1-2-25　网络拓扑图

（2）实验步骤：

1）选择设备。在设备栏中选择两台 PC、一台 2950-24 型号的交换机，分别将其拖进工作区域。

2）连线。在设备栏中选择直通线，将 PC0 与交换机连接、PC1 与交换机连接。注意观察两个连接线上的点，如果为绿色则说明设备之间连接互通。

3）设置 IP 地址。将 PC0 设备的 IP 地址设置为 192. 168. 1. 1，子网掩码设置为 255. 255. 255. 0，PC1 设备的 IP 地址设置为 192. 168. 1. 2，子网掩码设置为 255. 255. 255. 0。

设置方法如下：双击 PC0，选择 Desktop 选项中的 IP Configuration 功能，如图 1-2-26 所示。在界面中的 IP Address 栏填入 IP 地址 192. 168. 1. 1，在 Subnet Mask 栏填入 255. 255. 255. 0。同理设置 PC1 的 IP 地址。

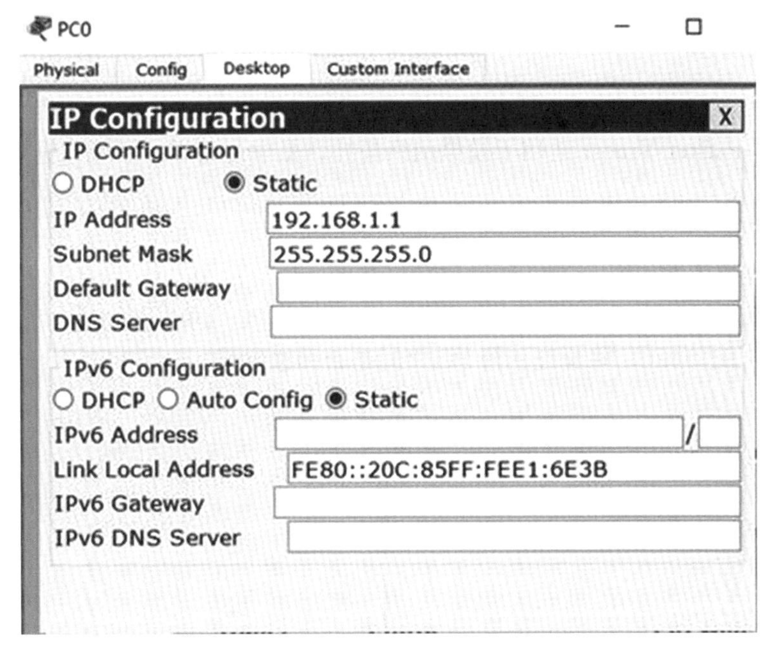

图 1-2-26　IP Configuration 功能界面

4）验证。在 PC1 中选择 Desktop 选项中的 Command Prompt 功能。输入 ping 192.168.1.1 测试两台 PC 的连通性。如图 1-2-27 所示，两台 PC 之间能够互相通信。

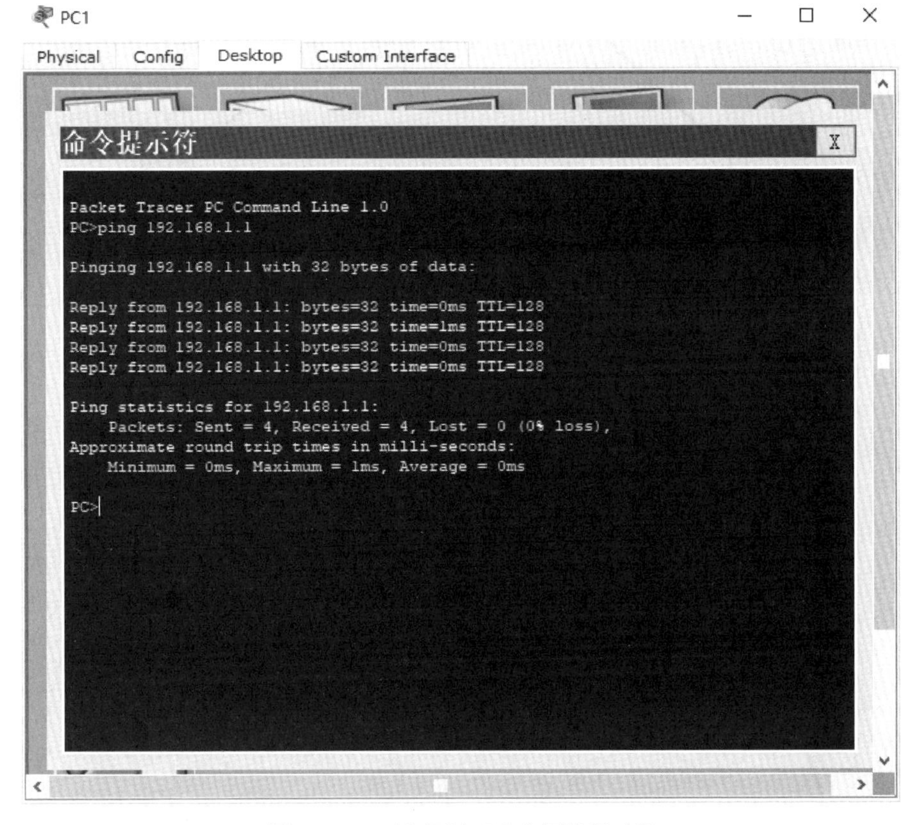

图 1-2-27　验证两台 PC 之间数据互通

【任务小结】

1. 超级终端、SecureCRT 是配置交换机与路由器常用的工具，应熟练掌握。
2. Cisco Packet Tracer 适用于模拟网络拓扑，是学习局域网组建的重要工具。

【拓展练习】

请根据要求建立如图 1-2-28 所示网络拓扑图，PC0 的 IP 地址为 172.16.1.1，子网掩码为 255.255.0.0，PC1 的 IP 地址为 172.16.1.2，PC2 的 IP 地址为 172.16.1.3，子网掩码为 255.255.0.0，并验证三台 PC 之间是否网络互通。

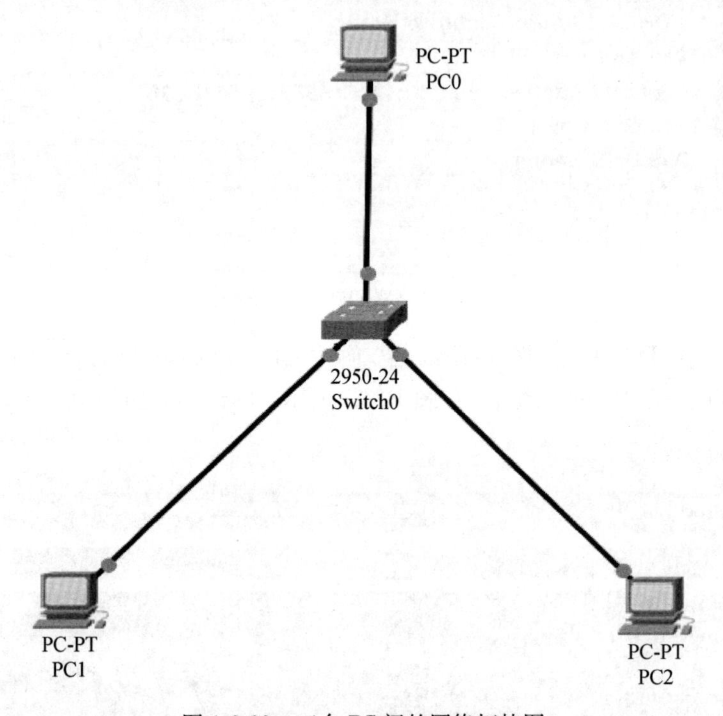

图 1-2-28　三台 PC 间的网络拓扑图

练 习 题

一、单选题

1. 交换机的基本参数的是（　　）。

A. 端口结构　　B. 传输速率

C. QoS（服务质量）　　D. 以上皆对

2. 以下说法错误的是（　　）。

A. 交换机是一种用于电信号转发的网络设备

B. 路由器是用于网络互连的计算机设备

C. 路由器的 WAN 接口可以用来连接互联网服务提供商线路的接口

D. 路由器只能连接一个独立的网络

3. 以下有关 SecureCRT 说法正确的是（　　）。

A. 只能在 Windows 操作系统下使用

B. 只能管理交换机设备

C. 可以在多个操作系统下使用

D. 只能在 Linux 操作系统下使用

4. 以下有关 Cisco Packet Tracer 说法正确的是（　　）。

A. 只能管理物理设备

B. 是一款模拟工具，可为用户模拟提供真实操作的场景

C. 不能模拟建立网络拓扑图

D. 不能支持多个网络协议（如 HDLC、PPP 等）

5. 在建立网络拓扑图时，两个连接线上的点为绿色，说明（　　）。

A. 设备之间连接互通　　B. 设备之间没有连接互通

C. 有错误信息　　D. 有提示信息

二、填空题

1. 交换机的基本参数有________、________、________、等。

2. 交换机有 RJ-45 端口、________等端口。

三、判断题

1. 从网络覆盖范围划分，交换机可以分为广域交换机和局域交换机。（　　）

2. 路由器的最低传输速率是 100Mbit/s。（　　）

3. 在 Cisco Packet Tracer 的工作区域可以建立网络拓扑图。（　　）

4. 从功能上划分，路由器可分为骨干级路由器、企业级路由器和接入级路由器。（　　）

项目二　交换机配置

任务一　交换机基本配置

扫码观看
任务视频

【任务描述】

蓝天公司采用交换机组建公司内部局域网，为了便于组网和管理，需要网络管理员对交换机进行相关的配置。

蓝天公司交换机网络拓扑图如图 2-1-1 所示。

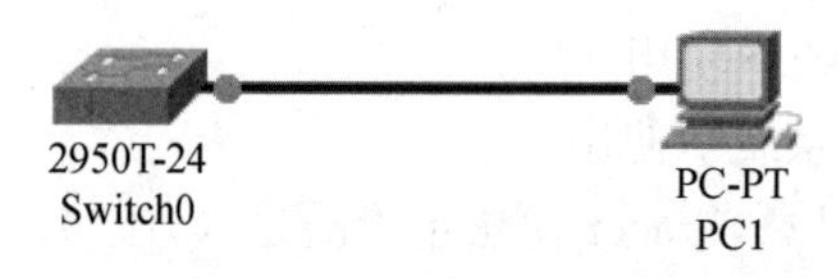

图 2-1-1　蓝天公司交换机网络拓扑图

【知识准备】

通常交换机会提供多种配置模式，主要包括用户模式、特权模式、全局配置模式、端口配置模式及 VLAN（Virtual Local Area Network）配置模式等，用户可以通过相关模式对其进行配置和管理。

一、用户模式

在默认情况下，配置交换机时首先进入的就是用户模式。在该模式下，只能用于查看一些统计信息和执行一些基本的命令，如查看交换机版本号（show version）、ping 等。

```
Press RETURN to get started!
Switch>! 用户模式
```

二、特权模式

在用户模式下，输入 enable 命令进入特权模式。在此模式下，用户可以查看和修改交换机的配置信息，比如查看交换机运行配置（show running-config）、查看 VLAN 配置信息（show vlan）等。

```
Switch>enable
Switch #                                                    ! 特权模式
```

三、全局配置模式

在特权模式下，输入 configure terminal（可简写为 conf t）命令，即可进入全局配置模式。该模式下可配置交换机的全局性参数［如主机名（hostname）］，创建 VLAN（vlan 10）等，配置命令的作用域是全局性的，对整个交换机起作用。

```
Switch# configure terminal
Enter configuration commands, one per line. End with CNTL/Z.
Switch (config) #                                           ! 全局模式
```

四、端口配置模式

在全局模式下，输入 interface fastethernet 0/1（可简写为 int f0/1）命令即可进入端口配置模式。在该模式下可配置端口的参数信息，如设置端口速率（speed）等。

```
Switch (config) # interface fastethernet 0/1
Switch (config-if) #                                        ! 端口配置模式
```

五、VLAN 配置模式

在该模式下，可以对 VLAN 进行相关配置，如设置 IP 地址（ip address）、开启 vlan（no shutdown）等。

```
Switch (config) # int vlan 1
Switch (config-if) #                                        ! VLAN 配置模式
```

六、交换机配置模式的切换

在配置过程中，可以输入 exit 命令退出当前模式。

```
Switch (config-if) # exit
Switch (config) #
```

也可以输入 end 直接从当前模式退出到特权模式。

```
Switch (config-if) # end
Switch#
% SYS-5-CONFIG _ I: Configured from console by console
```

【任务实施】

一、设置交换机系统时间

```
Switch >enable
Switch # clock set 08: 00: 00 1 may 2020                    ! 设置交换机系统时间
Switch # show clock                                         ! 查看交换机系统时间
*8: 0: 4. 591 UTC Fri May 1 2020
```

二、配置每日提示信息

使用 banner 命令设置交换机的提示信息，motd 用于指定用某个符号来包含提示的内容。

```
Switch (config) #banner motd #
Enter TEXT message.  End with the character'#'.          ! 以#开始输入提示内容
hello world!
#                                                        ! 提示内容输入完毕
Switch (config) #
```

配置完成后，重新进入交换机用户模式，即可看到提示信息“hello world!”，执行结果如图 2-1-2 所示。

```
hello world!


Switch>
```

图 2-1-2　配置每日提示信息图

三、修改交换机名称

```
Switch>
Switch>enable
Switch#config terminal
Switch (config) #hostname SW1                            ! 更改交换机名称为 SW1
SW1 (config) #
```

四、设置特权密码

1. 设置交换机特权密码为 123456

```
SW1 (config) #enable password 123456          ! 设置进入特权模式密码为 123456
SW1 (config) #
```

2. 验证密码

```
SW1>enable
Password:                        ! 输入设置的密码 123456，密码输入时不显示，输入完毕
                                   按 Enter 键，密码校验通过后，即进入特权模式
SW1#                             ! 进入特权模式
```

3. 密码加密存储

使用 enable password 命令所设置的密码是很容易查看的，因为在配置文件中是采用明文保存的。为了避免这种情况发生，可采用密文形式存储各种密码。其配置命令

如下：

```
SW1 (config) #service password-encryption         ! 加密交换机上所有明文口令
                                                    (MD5 加密)
SW1 (config) #
```

五、配置远程登录

默认情况下，交换机已经开启了 telnet 管理方式，但是不允许远程登录，因此要进行配置，并设置访问密码。

1. 配置管理交换机 IP 地址

默认情况下，交换机会自动创建一个 vlan1，交换机的所有端口均属于 vlan1，配置 vlan1 的 IP 地址即为交换机的管理地址。

```
SW1 (config) #interface vlan 1                              ! 创建并进入 VLAN 1 的接口模式
SW1 (config-if) #ip address 192.168.1.1 255.255.255.0      ! 配置交换机的 IP 地址
SW1 (config-if) #no shutdown                               ! 开启 VLAN
SW1 (config-if) #exit
```

2. 配置交换机远程登录

```
SW1 (config) #line vty 0 4                ! 进入线程模式，允许 0~4 个用户登录
SW1 (config-line) #password abcde         ! 设置 Telnet 访问密码为 abcde
SW1 (config-line) #login                  ! 开启远程登录密码验证
```

3. 配置 PC1 的 IP 地址等信息（图 2-1-3）。

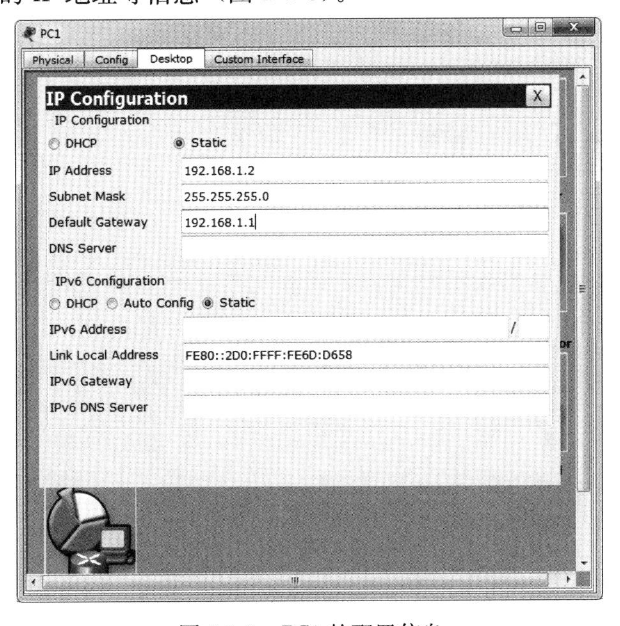

图 2-1-3　PC1 的配置信息

4. 验证远程登录

选择 PC1 桌面选项卡中的 Command Prompt 进入命令提示符，输入 telnet 命令，登录到交换机，如图 2-1-4 所示。

图 2-1-4　验证远程登录

如图 2-1-4 所示，PC1 成功登录到交换机，即可通过 PC1 对交换机进行配置。

5. 输入 show running-config 查看交换机当前配置

```
SW1#show running-config                    ! 查看当前交换机生效的所有配置信息
Building configuration…
Current configuration : 1033 bytes
!
version 12.1
no service timestamps log datetime msec
no service timestamps debug datetime msec
service password-encryption
!
hostname SW1
!
enable password 7 08701E1D5D4C53
!
…
```

6. 保存交换机当前配置

```
SW1#write                                  ! 保存配置
Building configuration…
[OK]
SW1#
```

7. 重启交换机

```
Switch# reload                                   ! 重启交换机
Proceed with reload? [confirm] " Y or N"         ! 输入 Y 即可重新加载交换机
```

【任务小结】

1. 交换机是网络中的常用设备，配置交换机时应熟悉配置模式的切换。
2. 配置命令时可输入命令前几个字母，按 Tab 键补全命令。

【拓展练习】

根据图 2-1-5 完成交换机的相关配置。

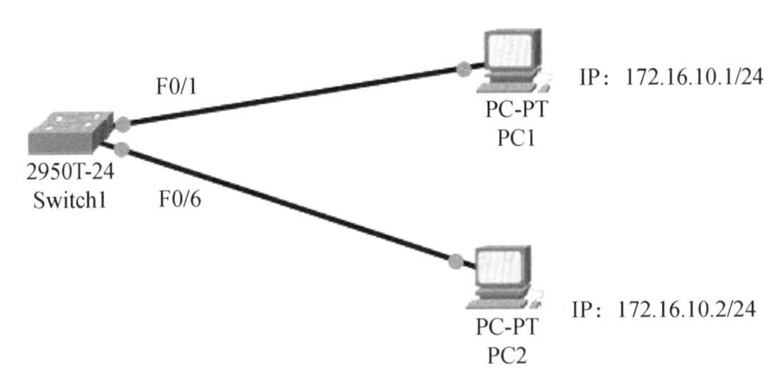

图 2-1-5　交换机配置网络拓扑图

（1）设置交换机的时间为 2008 年 8 月 8 日 8 时 08 分；
（2）设置交换机的名称为 SA；
（3）设置特权密码为 54321，并加密保存；
（4）配置交换机的管理地址（172.16.10.254）；
（5）为 PC1 和 PC2 添加 IP 地址，默认网关均为 172.16.10.254；
（6）配置交换机远程登录，登录密码设置为 admin；
（7）在 PC1 上远程登录到交换机，将交换机名字修改为 SwitchA；
（8）保存交换机的配置；
（9）查看交换机当前的配置信息。

扫码观看
任务视频

任务二　VLAN 的划分

【任务描述】

蓝天公司有三个部门，分别是销售部、工程部和财务部。公司根据安全与业务需要，希望网络管理员用一台二层交换机，按照部门划分不同的子网，使各部门内部的计算机之间可以互通，但部门之间的计算机不能互通。

蓝天公司网络拓扑图如图 2-2-1 所示，网络地址规划如表 2-2-1 所示。

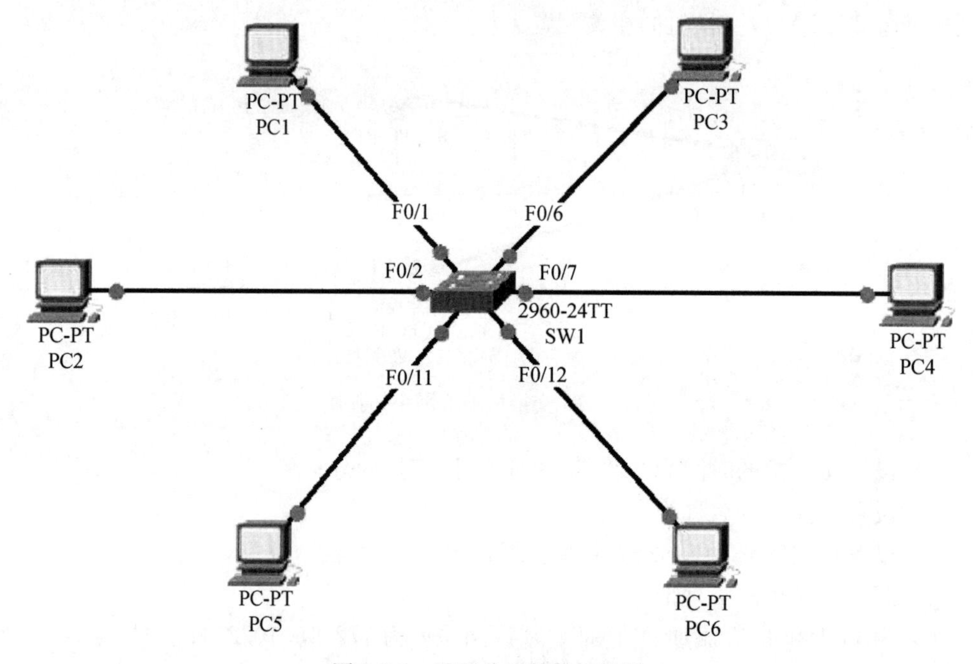

图 2-2-1　蓝天公司网络拓扑图

表 2-2-1　蓝天公司网络地址规划

设备名称	所属 VLAN	VLAN 名称	端口范围	IP 地址
PC1	vlan10	VLANxiaoshou	F0/1～F0/5	192.168.1.11/24
PC2				192.168.1.12/24
PC3	vlan20	VLANgongcheng	F0/6～F0/10	192.168.1.21/24
PC4				192.168.1.22/24
PC5	vlan30	VLANcaiwu	F0/11～F0/15	192.168.1.31/24
PC6				192.168.1.32/24

【知识准备】

VLAN 即虚拟局域网。在一个物理网络中，可根据该网络的用途和需求，在逻辑上将其划分为一个个虚拟的子网，这就是 VLAN，特点是每个 VLAN 与该网络的物理位置无关，每个 VLAN 之间的通信是通过交换机来完成的。在一个划分了 VLAN 的局域网中，每个 VLAN 中的用户看不到其他 VLAN 中的用户，VLAN 的作用是能够有效地控制网络广播风暴，提高局域网的安全性。

交换机在初始状态下都有一个默认为编号 1 的 VLAN，且交换机的所有端口都归在这个 VLAN 中，在特权模式下可用 show vlan 命令来查看交换机在初始状态下的 VLAN 情况。

查看交换机初始状态命令如下：

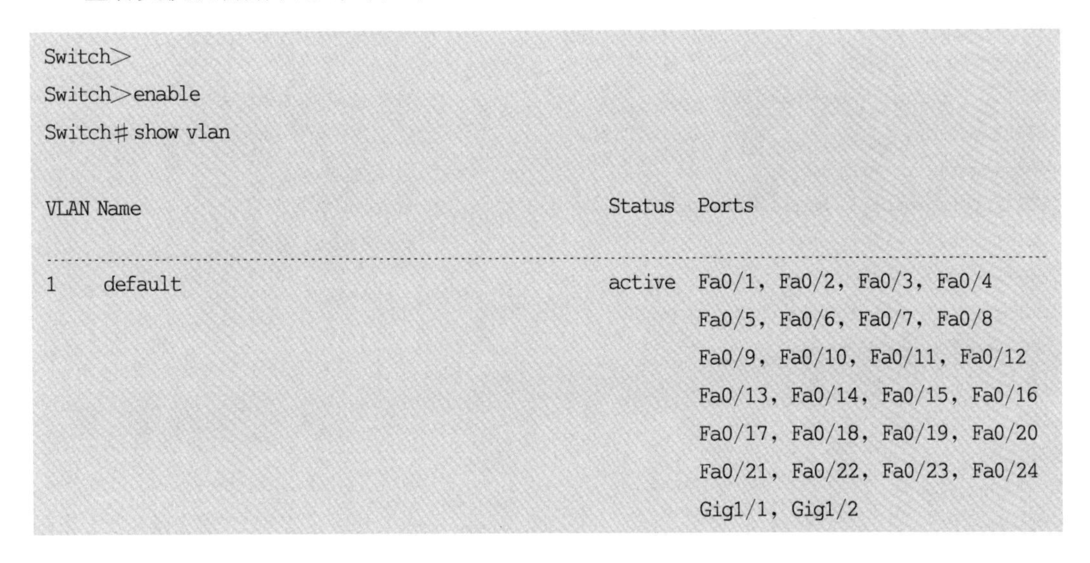

```
Switch>
Switch>enable
Switch# show vlan

VLAN Name                                    Status  Ports
--------------------------------------------------------------------------------
1    default                                 active  Fa0/1, Fa0/2, Fa0/3, Fa0/4
                                                     Fa0/5, Fa0/6, Fa0/7, Fa0/8
                                                     Fa0/9, Fa0/10, Fa0/11, Fa0/12
                                                     Fa0/13, Fa0/14, Fa0/15, Fa0/16
                                                     Fa0/17, Fa0/18, Fa0/19, Fa0/20
                                                     Fa0/21, Fa0/22, Fa0/23, Fa0/24
                                                     Gig1/1, Gig1/2
```

【任务实施】

在对交换机进行 VLAN 划分前，用 ping 命令测试每台计算机之间的连通性，PC1 测试与 PC6 的连通性如图 2-2-2 所示，用同样的方法测试其他计算机之间的连通性，说明在没有划分 VLAN 前，所有连接在这台交换机上的计算机都是互通的。

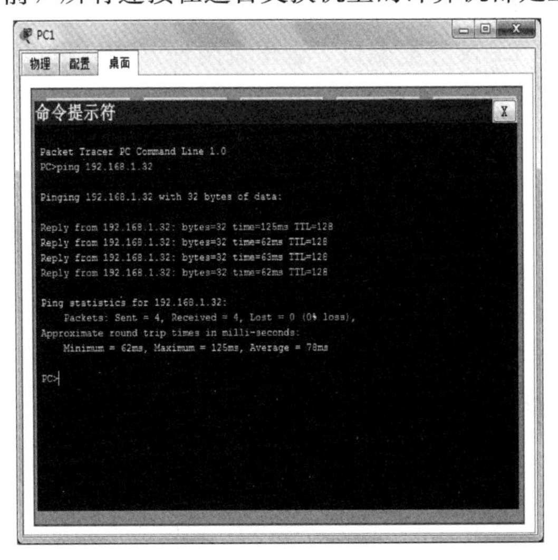

图 2-2-2　PC1 测试与 PC6 连通性结果图

1. 按照表 2-2-1 把交换机 SW1 划分成 3 个 VLAN 并分别对其进行命名

【提示】交换机 VLAN 的创建与删除命令格式如下：

（1）VLAN 的创建：vlan [vlan 编号]（例如 vlan 10）。

（2）VLAN 的删除：no vlan [vlan 编号]（例如 no vlan 10）。

配置交换机 SW1 如下：

```
Switch>
Switch>enable                                    ！进入特权模式
Switch#conf t                                    ！进入全局模式
Switch (config) #
Switch (config) #hostname SW1                    ！将交换机改名为 SW1
SW1 (config) #
SW1 (config) #vlan 10                            ！创建 vlan10
SW1 (config-vlan) #name VLANxiaoshou             ！把 vlan10 命名为 VLANxiaoshou
SW1 (config-vlan) #exit                          ！返回到全局模式下
SW1 (config) #vlan 20
SW1 (config-vlan) #name VLANgongcheng
SW1 (config-vlan) #exit
SW1 (config) #vlan 30
SW1 (config-vlan) #name VLANcaiwu
SW1 (config-vlan) #exit
SW1 (config) #
SW1 (config) #exit
SW1#
SW1#write                                        ！保存配置命令
Building configuration…
[OK]
SW1#
```

2. 按照表 2-2-1 给交换机 SW1 的三个 VLAN 分配端口

【提示】如果要给 VLAN 分配端口，这里有两种方法可用：一种是单个分配，另一种是按组分配（端口号必须是连续的）。命令格式如下：

（1）单个分配的命令：

Switch (config) #interface fastethernet 0/1

Switch (config-vlan) #switchport access vlan 10

（2）按组分配的命令：

Switch (config) #interface range fastethernet 0/1-4

Switch (config-vlan) #switchport access vlan 10

配置交换机 SW1 如下：

```
SW1>
SW1>enable
SW1#conf t
SW1 (config) #interface range fastethernet 0/1-5          ！进入组端口模式
```

```
SW1 (config-if-range) #switchport access vlan 10
                                        ! 将F0/1～F0/5共五个端口分配给vlan 10
SW1 (config-if-range) #exit
SW1 (config) #interface range fastethernet 0/6-10
SW1 (config-if-range) #switchport access vlan 20
SW1 (config-if-range) #exit
SW1 (config) #interface range fastethernet 0/11-15
SW1 (config-if-range) #switchport access vlan 30
SW1 (config-if-range) #exit
SW1 (config) #exit
SW1#
SW1#write
Building configuration…
[OK]
SW1#
```

用show vlan命令来查看交换机端口的分配情况，发现三个VLAN已经被分配了的端口，其余没有被分配的端口还是属于交换机默认的vlan 1中。

查看交换机VLAN分配命令如下：

```
SW1>
SW1>enable
SW1#show vlan

VLAN Name                          Status    Ports
----------------------------------------------------------------------------------------
1    default                       active    Fa0/16, Fa0/17, Fa0/18, Fa0/19, Fa0/20
                                   Fa0/21, Fa0/22, Fa0/23, Fa0/24
Gig1/1, Gig1/2
10   VLANxiaoshou                  active    Fa0/1, Fa0/2, Fa0/3, Fa0/4, Fa0/5
20   VLANgongchengactive                     Fa0/6, Fa0/7, Fa0/8, Fa0/9, Fa0/10
30   VLANcaiwu                     active    Fa0/11, Fa0/12, Fa0/13, Fa0/14, Fa0/15
1002 fddi-default                  act/unsup
1003 token-ring-default            act/unsup
1004 fddinet-default               act/unsup
1005 trnet-default                 act/unsup

VLAN   Type   SAID     MTU    Parent   RingNoBridgeNoStpBrdgMode   Trans1   Trans2
----------------------------------------------------------------------------------------
1      enet   100001   1500   —        —   —   —   —               0        0
10     enet   100010   1500   —        —   —   —   —               0        0
20     enet   100020   1500   —        —   —   —   —               0        0
30     enet   100030   1500   —        —   —   —   —               0        0
1002   fddi   101002   1500   —        —   —   —   —               0        0
…… More ……
```

当 VLAN 划分后，用 ping 测试这六台计算机之间的连通性时，会发现处于同一 VLAN 中的计算机是互通的，处于不同 VLAN 中的计算机是不能互通的。例如：用 PC1 测试 PC2，其结果是连通的，用 PC1 测试 PC6 则是不通的，如图 2-2-3 和图 2-2-4 所示。用同样的方法测试其他计算机之间的连通性。

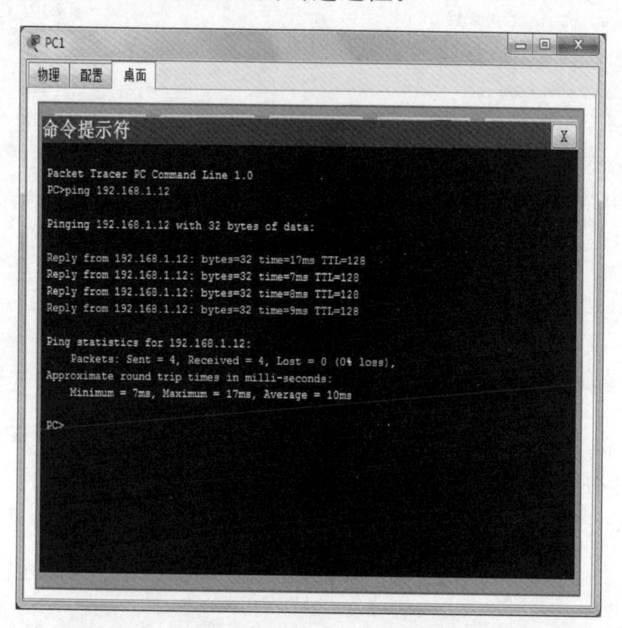

图 2-2-3　PC1 测试与 PC2 连通性结果图

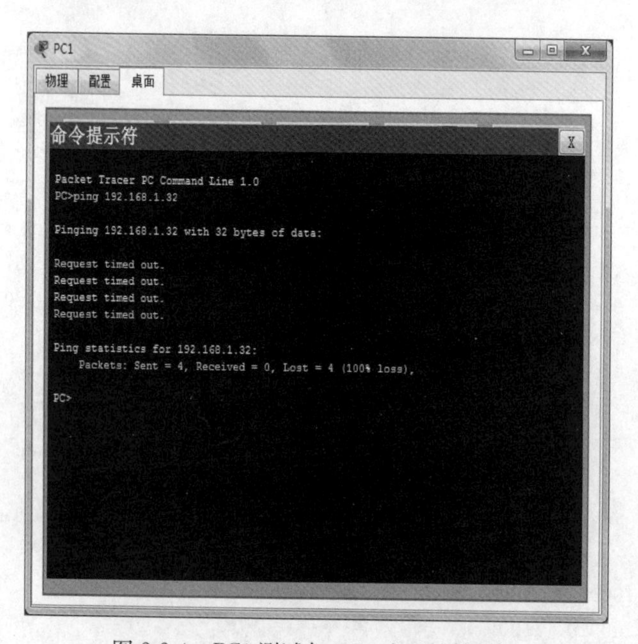

图 2-2-4　PC1 测试与 PC6 连通性结果图

【任务小结】

VLAN 的划分主要是指将交换机划分成不同的 VLAN，并且给每个 VLAN 分配相应的端口。这是局域网组建中一项非常重要且常用的技术，必须熟练掌握。

【拓展练习】

某公司有四个部门，分别是技术部、市场部、人事部和综合部，根据公司安全与业务需要，要求每个部门内部的计算机之间可以互通，但部门之间的计算机不能互通。公司网络拓扑图如图 2-2-5 所示，网络地址规划如表 2-2-2 所示。

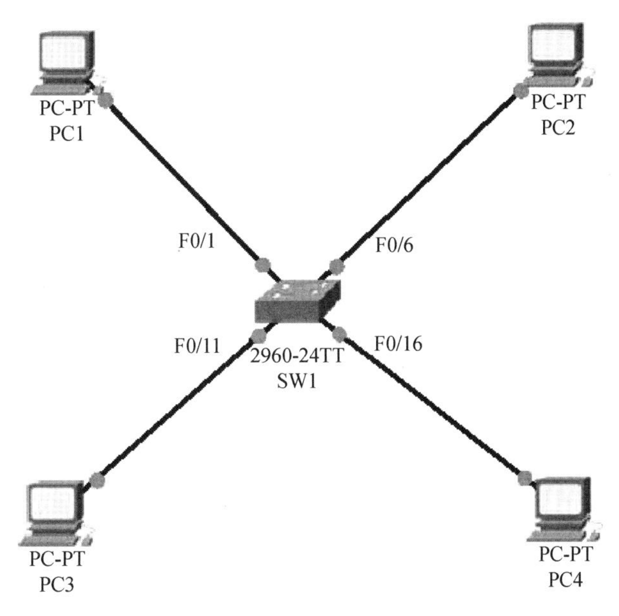

图 2-2-5　公司网络拓扑图

表 2-2-2　公司网络地址规划

设备名称	所属 VLAN	VLAN 名称	端口范围	IP 地址
PC1	vlan10	VLANjishu	F0/1～F0/5	172.16.1.11/24
PC2	vlan20	VLANshichang	F0/6～F0/10	172.16.1.21/24
PC3	vlan30	VLANrenshi	F0/11～F0/15	172.16.1.31/24
PC4	vlan40	VLANzonghe	F0/16～F0/20	172.16.1.41/24

任务三　相同 VLAN 间的通信

【任务描述】

蓝天公司有两个主要部门：分别是工程部和财务部，由于地理原因，工程部的计算机是连接在两台不同的交换机上，财务部的计算机也是连接在两台不同的交换机上，为了数据安全起见，工程部和财务部需要进行相互隔离，但部门内部是可以相互通信的，现需要公司网络管理员对两台交换机进行相应配置来实现这一目标。

蓝天公司网络拓扑图如图 2-3-1 所示，网络地址规划如表 2-3-1 所示。

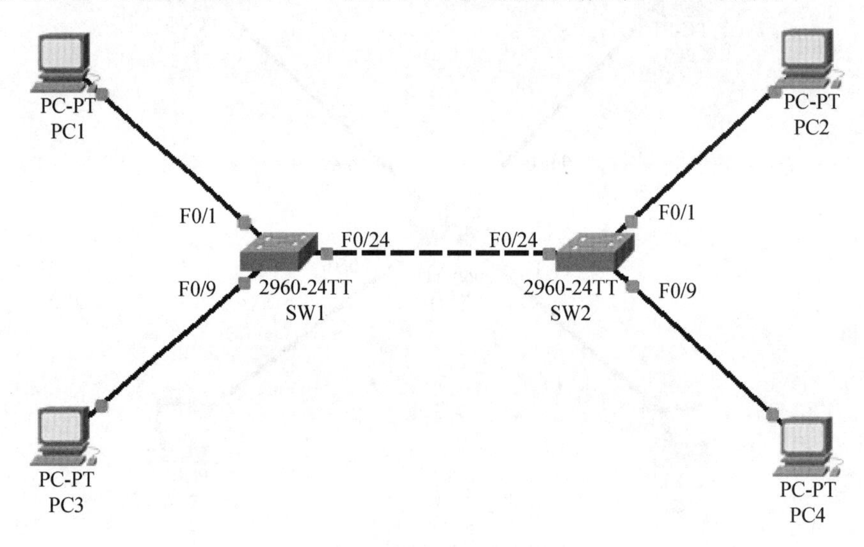

图 2-3-1　蓝天公司网络拓扑图

表 2-3-1　蓝天公司网络地址规划

设备名称	所属部门	所属 VLAN	端口范围	IP 地址
PC1	工程部	vlan10	F0/1～F0/8	192.168.0.11/24
PC2				192.168.0.12/24
PC3	财务部	vlan20	F0/9～F0/16	192.168.0.21/24
PC4				192.168.0.22/24

【知识准备】

在同一局域网中，如果有两台或更多的交换机出现，且每台交换机上都划分了相同的 VLAN，可以通过交换机之间的端口互连来实现各交换机之间所有相同 VLAN 中计算机的互相通信。

交换机的端口模式分为 Access 类型和 Trunk 类型，在默认情况下，其端口类型一般为 Access。该类型端口一般用于连接计算机且只能归属于一个 VLAN 中，而对

Trunk 类型的端口来说，它一般作为交换机间的互连来使用，并且可同时允许局域网中的多个相同 VLAN 互相通信，把两台交换机的互连端口设置为 Trunk 类型，实现交换机间相同 VLAN 中的计算机互通。

【任务实施】

在任务实施之前，两台交换机都只有一个相同的 VLAN，即交换机初始状态下的默认 VLAN1，另外，四台计算机的 IP 地址网段都是相同的，因此，在当前情况下，局域网内的四台计算机都是互通的。用 ping 命令测试四台计算机之间的连通性，PC1 与 PC3 的连通性测试结果如图 2-3-2 所示，用同样的方法测试其他计算机之间的连通性。

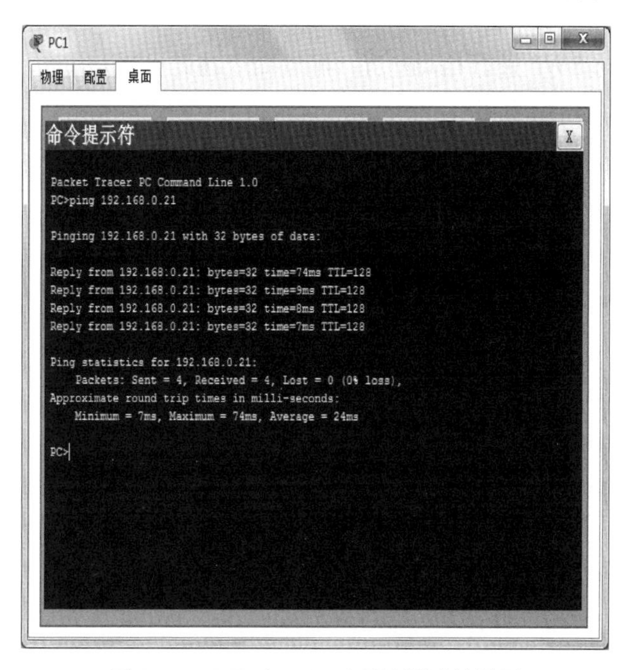

图 2-3-2 PC1 与 PC3 连通性测试结果图

1. 按照表 2-3-1 分别对两台交换机进行相同的 VLAN 划分，并将相应的端口分配给对应的 VLAN。

SW1 的配置命令及注解如下：

```
Switch>
Switch>enable
Switch#conf t
Switch (config) #hostname SW1                    ! 将交换机命名为 SW1
SW1 (config) #vlan 10
SW1 (config-vlan) #exit
SW1 (config) #vlan 20
SW1 (config-vlan) #exit
SW1 (config) #interface range fastethernet 0/1-8
SW1 (config-if-range) #switchport access vlan 10
```

```
SW1 (config-if-range) #exit
SW1 (config) #interface range fastethernet 0/9-16
SW1 (config-if-range) #switchport access vlan 20
SW1 (config-if-range) #exit
SW1 (config) #exit
SW1#
SW1#write
Building configuration…
[OK]
SW1#
```

用相同的方法对 SW2 进行相同配置（配置命令在此省略）。

2. 将连接两台交换机的端口（F0/24）设置为 Trunk 模式。

【提示】对交换机而言，当它的某一端口的端口模式被设置为 Trunk 类型时，那交换机上划分的所有 VLAN 都可以通过该端口进行通信。

设置 SW1 交换机 F0/24 端口的端口模式为 Trunk 类型，配置命令及注解如下：

```
SW1>
SW1>enable
SW1#conf t
SW1 (config) #interface fastethernet 0/24
SW1 (config-if) #switchport mode trunk                  ! 将 F0/24 端口模式设置为 Trunk
SW1 (config-if) #switchport trunk allowed vlan ?        ! 查看命令参数
WORD     VLAN IDs of the allowed VLANs when this port is in trunking mode
add      add VLANs to the current list
all      all VLANs
except   all VLANs except the following
none     no VLANs
remove   remove VLANs from the current list
SW1 (config-if) #switchport trunk allowed vlan all! F0/24 端口允许所有 VLAN 通过
SW1 (config-if) #
SW1 (config-if) #exit
SW1#
SW1#write
Building configuration…
[OK]
SW1#
```

设置好以后，用 show vlan 命令查看，SW1 的 VLAN 端口分配时发现，端口 F0/24 已不属于任何一个 VLAN，命令如下：

```
SW1>
SW1>enable
SW1#show vlan
```

```
VLAN Name                                Status  Ports
------------------------------------------------------------------------
1   default                              active  Fa0/17, Fa0/18, Fa0/19, Fa0/20
                                                 Fa0/21, Fa0/22, Fa0/23, Gig1/1
                                         Gig1/2
10  VLAN0010                             active  Fa0/1, Fa0/2, Fa0/3, Fa0/4
                                                 Fa0/5, Fa0/6, Fa0/7, Fa0/8
20  VLAN0020                             active  Fa0/9, Fa0/10, Fa0/11, Fa0/12
                                                 Fa0/13, Fa0/14, Fa0/15, Fa0/16
```

用 show running-config 命令查看，SW1 的 F0/24 端口的类型已经变为 Trunk 类型，命令及注解如下：

```
SW1>
SW1>enable
SW1#show running-config
Building configuration…
!
hostname SW1
!
!
!
interface FastEthernet0/1
switchport access vlan 10
!
interface FastEthernet0/2
switchport access vlan 10
!
interface FastEthernet0/24
switchport mode trunk                          ! 端口 F0/24 被设置为 Trunk 类型
…… More ……
```

用相同的方法对 SW2 进行相同配置（配置命令在此省略）。

该任务完成后，SW1 和 SW2 中相同 VLAN 中的计算机已经可以相互通信了，可以用 ping 命令进行测试验证。

【任务小结】

交换机的端口模式主要有两种类型——Access 和 Trunk。Access 类型的端口一般用于连接计算机，而 Trunk 类型的端口主要用于交换机之间的连接。

【拓展练习】

某公司有三个部门，由于地理原因，这三个部门的计算机都连接在两台不同的交换机上，要求每个部门内部的计算机之间可以互通，但部门之间的计算机不能互通。公司网络拓扑图如图 2-3-3 所示，网络地址规划如表 2-3-2 所示。

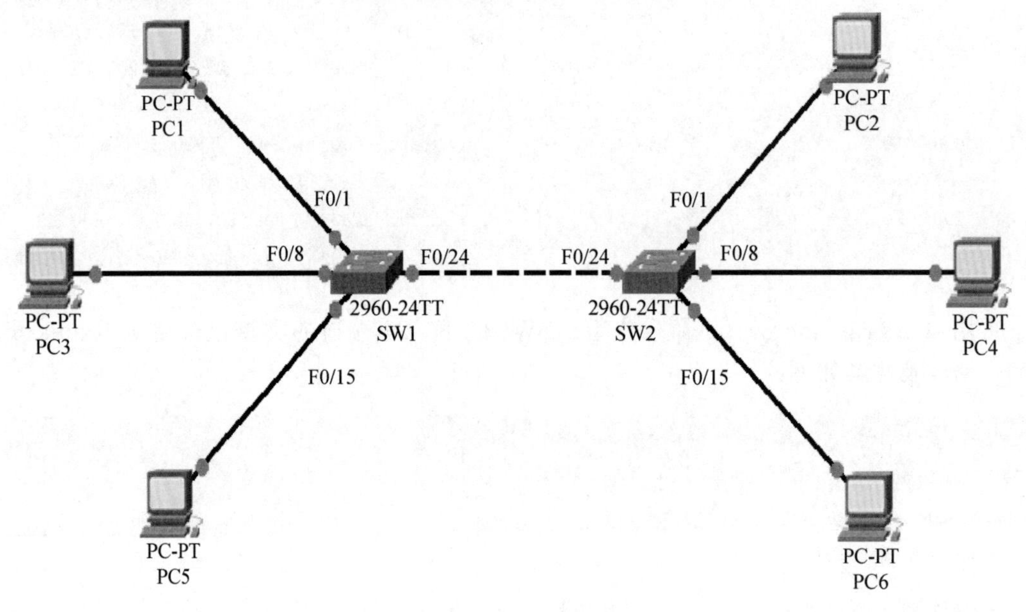

图 2-3-3　公司网络拓扑图

表 2-3-2　公司网络地址规划

设备名称	所属部门	所属 VLAN	端口范围	IP 地址
PC1	部门 1	vlan10	F0/1～F0/7	172.16.0.11/24
PC2				172.16.0.12/24
PC3	部门 2	vlan20	F0/8～F0/14	172.16.0.21/24
PC4				172.16.0.22/24
PC5	部门 3	vlan30	F0/15～F0/21	172.16.0.31/24
PC6				172.16.0.32/24

任务四　端口聚合

【任务描述】

在蓝天公司的网络中有两台交换机，因为大量数据交换是跨交换机进行转发的，所以必须提高交换机之间的传输带宽，并且还应具备链路冗余备份的功能，因此公司要求网络管理员采用两根网线连接两台交换机，并对交换机进行相应配置，使相应的两个端口聚合为一个逻辑端口。

蓝天公司网络拓扑图如图 2-4-1 所示，网络地址规划如表 2-4-1 所示。

表 2-4-1　蓝天公司网络地址规划

设备名称	所属 VLAN	端口	IP 地址
PC1	vlan10	F0/1	192.168.1.1/24
PC2			192.168.1.2/24

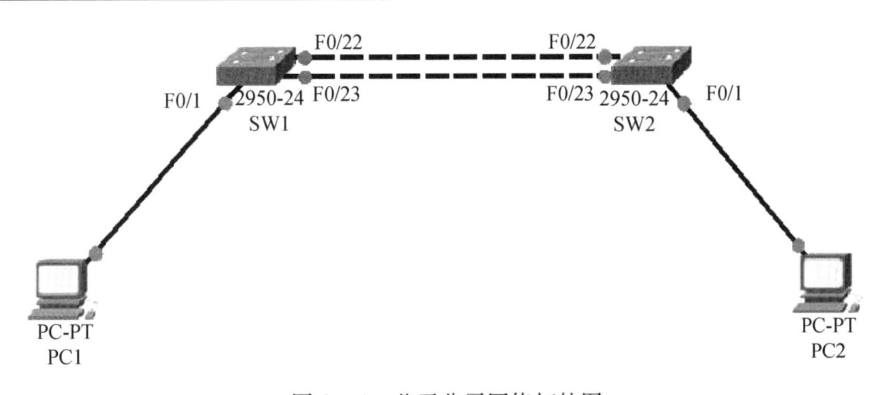

图 2-4-1　蓝天公司网络拓扑图

【知识准备】

在交换机技术中，端口聚合也称链路聚合，在物理上，把两台交换机通过两个或两个以上的端口用通信线路连接起来，使两台交换机之间有两条或两条以上的物理链路，再把这些物理链路合并看作一条逻辑链路，这就是端口聚合。端口聚合的作用是增大链路带宽，解决了因带宽而引起的网络瓶颈问题，两台交换机之间的物理链路可实现互相冗余备份，如果某一条链路出故障，不会影响其他链路的正常通信。

【任务实施】

在任务实施前，用 ping 命令测试两台计算机之间的连通性，两台计算机之间是互通的，如图 2-4-2 和图 2-4-3 所示。由于只有一条链路负责两台计算机之间的通信，所以网络带宽就减小了。

图 2-4-2　PC1 测试与 PC2 连通性结果图

图 2-4-3　PC2 测试与 PC1 连通性结果图

（1）按照表 2-4-1 分别对 SW1 和 SW2 划分 VLAN，并将相应的端口分配给对应的 VLAN。

SW1 的配置命令如下：

```
Switch>
Switch>enable
Switch#conf t
Switch (config) #hostname SW1
SW1 (config) #vlan 10
SW1 (config-vlan) #exit
SW1 (config) #interface fastethernet 0/1
SW1 (config-if) #switchport access vlan 10
SW1 (config-if) #exit
SW1 (config) #exit
SW1#
SW1#write
Building configuration…
[OK]
SW1#
```

用相同的方法对 SW2 进行相同配置（配置命令在此省略）。

（2）配置 SW1 和 SW2 上的端口聚合。

SW1 的配置命令及注解如下：

```
SW1>
SW1>enable
SW1#conf t
SW1 (config) #interface range fastethernet 0/22-23
SW1 (config-if-range) #channel-group 1 mode on        ！启动链路聚合功能
SW1 (config-if-range) #exit
SW1 (config) #interface port-channel 1                ！创建聚合组 1
SW1 (config-if) #switchport mode trunk                ！将聚合组设置为 Trunk 模式
SW1 (config-if) #exit
SW1 (config) #exit
SW1#
SW1#write
Building configuration…
[OK]
SW1#
```

查看 SW1 链路聚合组 1 的信息命令及注解如下：

```
SW1#
SW1#show etherchannel summary                         ！查看链路聚合组 1 的信息
Flags: D-down                  P-in port-channel
       I-stand-alone           s-suspended
       H-Hot-standby (LACP only)
```

```
        R-Layer3                        S-Layer2
        U-in use                        f-failed to allocate aggregator
        u-unsuitable for bundling
        w-waiting to be aggregated
        d-default port

Number of channel-groups in use: 1
     Number of aggregators:        1

     Group    Port-channel    Protocol    Ports
------------------------------------------------------------------------------
1        Po1 (SU)              PAgP  Fa0/22 (P) Fa0/23 (P)
```

用相同的方法对 SW2 进行相同配置（配置命令在此省略）。

配置完成之后，把两条链路中的任意一条断掉，PC1 与 PC2 仍然能互通，可用 ping 命令进行测试验证。

【任务小结】

在对交换机进行端口聚合的配置时，所选择的端口数量必须是偶数，且端口号必须是连续的，最后端口聚合组要设置为 Trunk 模式。

【拓展练习】

某公司的技术部根据业务需要分别在两个不同的地点办公，两个不同的地点各用一台交换机分别连接该部门的各计算机，要求该部门的所有计算机互通，并且要增加两台交换机之间的带宽，当两台交换机之间的一条链路断开时，能够有备份链路使用，保证网络畅通。某公司网络拓扑图如图 2-4-4 所示，网络地址规划如表 2-4-2 所示。

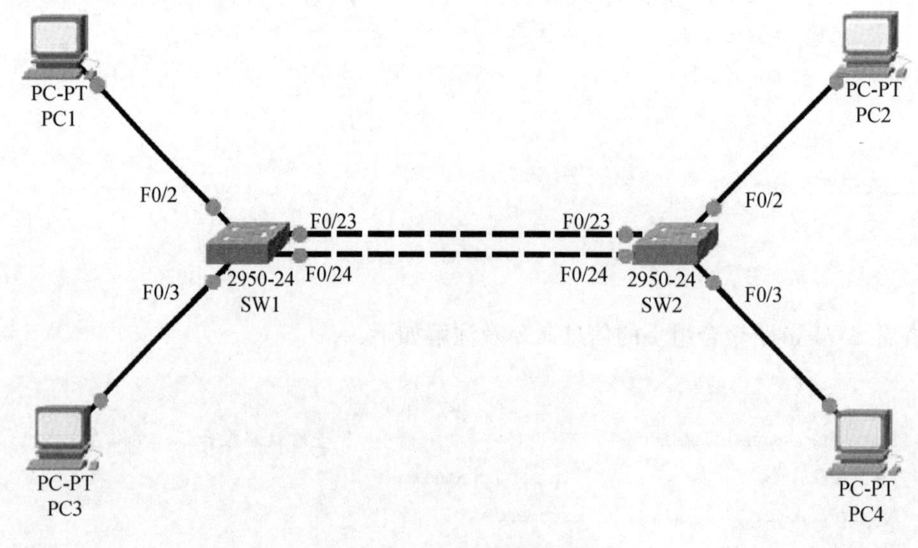

图 2-4-4　某公司网络拓扑图

表 2-4-2　某公司网络地址规划

设备名称	所属 VLAN	端口	IP 地址
PC1	vlan10	F0/2	172.16.2.1/24
PC2			172.16.2.2/24
PC3		F0/3	172.16.2.3/24
PC4			172.16.2.4/24

任务五　生成树协议

【任务描述】

蓝天公司网络中的两台交换机之间是双链路连接方式，两条链路只有一条处于工作状态，实现了链路的冗余备份，提高了网络的带宽和可靠性，但交换机之间的冗余链路容易造成广播风暴、多帧复制等故障。因此，公司要求网络管理员在交换机上启动生成树协议，以避免这些问题出现。

蓝天公司网络拓扑图如图 2-5-1 所示，网络地址规划如表 2-5-1 所示。

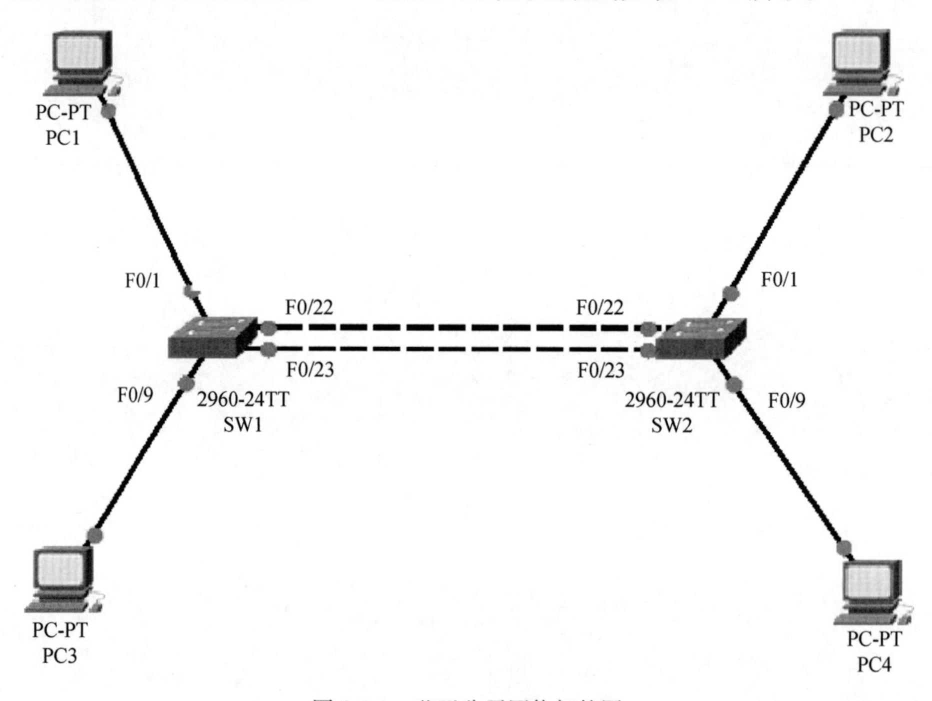

图 2-5-1　蓝天公司网络拓扑图

表 2-5-1　蓝天公司网络地址规划

设备名称	所属 VLAN	端口	IP 地址
PC1	vlan10	F0/1	192.168.1.1/24
PC2			192.168.1.2/24
PC3	vlan20	F0/9	192.168.2.1/24
PC4			192.168.2.2/24

【知识准备】

STP（Spanning Tree Protocol）即生成树协议，其作用是能够提供冗余链路并防止网络环路产生。若与 VLAN 配合，可实现 VLAN 的负载均衡，让两条冗余链路都处于工作状态。

【任务实施】

1. 按照表 2-5-1 分别对 SW1 和 SW2 划分 VLAN，并将相应的端口分配给对应的 VLAN。

SW1 的配置命令如下：

```
Switch>
Switch>enable
Switch#conf t
Switch (config) #hostname SW1
SW1 (config) #vlan 10
SW1 (config-vlan) #exit
SW1 (config) #vlan 20
SW1 (config-vlan) #exit
SW1 (config) #interface fastethernet 0/1
SW1 (config-if) #switchport access vlan 10
SW1 (config-if) #exit
SW1 (config) #interface fastethernet 0/9
SW1 (config-if) #switchport access vlan 20
SW1 (config-if) #exit
SW1 (config) #exit
SW1#
SW1#write
Building configuration…
[OK]
SW1#
```

用相同的方法对 SW2 进行相同配置（在此省略配置命令）。

2. 打开两台交换机的 STP 协议。

【提示】在思科模拟器（Packet Tracer）中，STP 在交换机的默认状态下就是开启的，所以，在第二步中不用进行开启 STP 的操作，但如果是在真实交换机上，就要进行开启 STP 的操作。

3. 在 VLAN 中启用 STP 生成树。

SW1 的配置命令如下：

```
SW1>
SW1>enable
SW1#conf t
SW1 (config) #spanning-tree vlan 1
SW1 (config) #spanning-tree vlan 10
SW1 (config) #spanning-tree vlan 20
```

```
SW1 (config) #exit
SW1#
SW1#write
Building configuration…
[OK]
SW1#
```

用相同的方法对 SW2 进行相同配置（配置命令在此省略）。

4. 生成树根网桥和优先级的修改。

将交换机 SW1 设置为生成树的根网桥，配置命令及注解如下：

```
SW1>
SW1>enable
SW1#conf t
SW1 (config) #spanning-tree vlan 1 root primary          ！设置 vlan1 的根网桥
SW1 (config) #spanning-tree vlan 1 priority 4096         ！设置 vlan1 的优先级
SW1 (config) #exit
SW1#
SW1#write
Building configuration…
[OK]
SW1#
```

配置好后，用 show spanning-tree 命令查看交换机的生成树信息。下面是查看 SW1 的生成树信息及注解，它会显示该交换机上所有 VLAN 的生成树信息。

```
SW1>
SW1>enable
SW1#show spanning-tree vlan 1
VLAN0010                                                              ！vlan10 的信息
  Spanning tree enabled protocol ieee
  Root ID    Priority    4097                                         ！在优先级 4096 上加 1
             Address     0001.64CC.C448
             This bridge is the root                                  ！说明是根网桥
             Hello Time  2 sec  Max Age 20 sec  Forward Delay 15 sec

  Bridge ID  Priority    4106   (priority 4096 sys-id-ext 10)
             Address     0001.64CC.C448
             Hello Time  2 sec  Max Age 20 sec  Forward Delay 15 sec
             Aging Time  20

Interface        Role Sts Cost        Prio.Nbr Type
---------------------------------------------------------------------------
Fa0/22           Desg FWD 19          128.22     P2p
Fa0/23           Desg FWD 19          128.23     P2p
```

5. 配置 VLAN 的负载均衡。

【提示】生成树不仅为 VLAN 提供了冗余备份链路，还可为其进行负载均衡配置，实际上就是为每个 VLAN 配置一条指定链路，这样，每个 VLAN 都有各自的根网桥，每条链路只转发所允许的 VLAN 数据帧。

为 vlan 10 配置 SW1 和 SW2 的 F0/22 端口互联链路，为 vlan20 配置 SW1 的 F0/23 端口互联链路，SW1 配置命令如下：

```
SW1>
SW1>enable
SW1#conf t
Enter configuration commands, one per line.   End with CNTL/Z.
SW1 (config) #interface fastethernet 0/22
SW1 (config-if) #switchport mode trunk
SW1 (config-if) #switchport trunk allowed vlan 10
SW1 (config-if) #exit
SW1 (config) #interface fastethernet 0/23
SW1 (config-if) #switchport mode trunk
SW1 (config-if) #switchport trunk allowed vlan 20
SW1 (config-if) #exit
SW1 (config) #exit
SW1#
SW1#write
Building configuration…
[OK]
SW1#
```

用相同的方法对 SW2 进行相同配置（在此省略配置命令）。

完成所有配置后，两条端口互联的链路都处于连通状态，可用 ping 命令去测试所有计算机之间的连通性。

【任务小结】

在局域网中，配置交换机的生成树能够提供多条冗余备份链路，还可以解决局域网中环路的问题。两台交换机之间的多条冗余链路在默认情况下只有一条是工作的，其余都是关闭的，只有当某些链路出现故障或断开后才会工作，生成树的 VLAN 负载均衡技术可让多条链路一起工作，这样就使网路带宽在一定程度上得到了拓宽，从而提高了网速。

【拓展练习】

某公司网络中的两台交换机之间采取的是双链路连接方式，要求运用生成树协议使两台交换机之间的两条链路同时工作。公司网络拓扑图如图 2-5-2 所示，网络地址规划如表 2-5-2 所示。

表 2-5-2　某公司网络地址规划

设备名称	所属 VLAN	端口	IP 地址
PC1	vlan10	F0/1	172. 16. 1. 1/24
PC2			172. 16. 1. 2/24
PC3	vlan20	F0/10	172. 16. 2. 1/24
PC4			172. 16. 2. 2/24
PC5	vlan30	F0/20	172. 16. 3. 1/24
PC6			172. 16. 3. 2/24

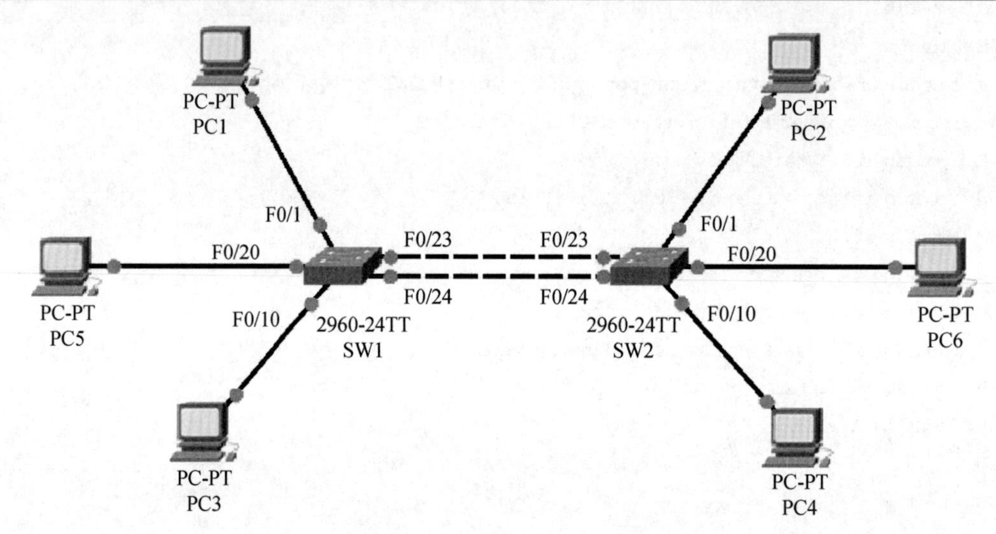

图 2-5-2　某公司网络拓扑图

任务六　VTP 协议

扫码观看
任务视频

【任务描述】

蓝天公司的网络主干由一台三层交换机、两台二层交换机构成，公司要求网络管理员应用 VTP 技术实现对 VLAN 的高效管理并实现全网互通。

蓝天公司网络拓扑图如图 2-6-1 所示，VTP 服务器 VLAN 划分情况如表 2-6-1 所示。

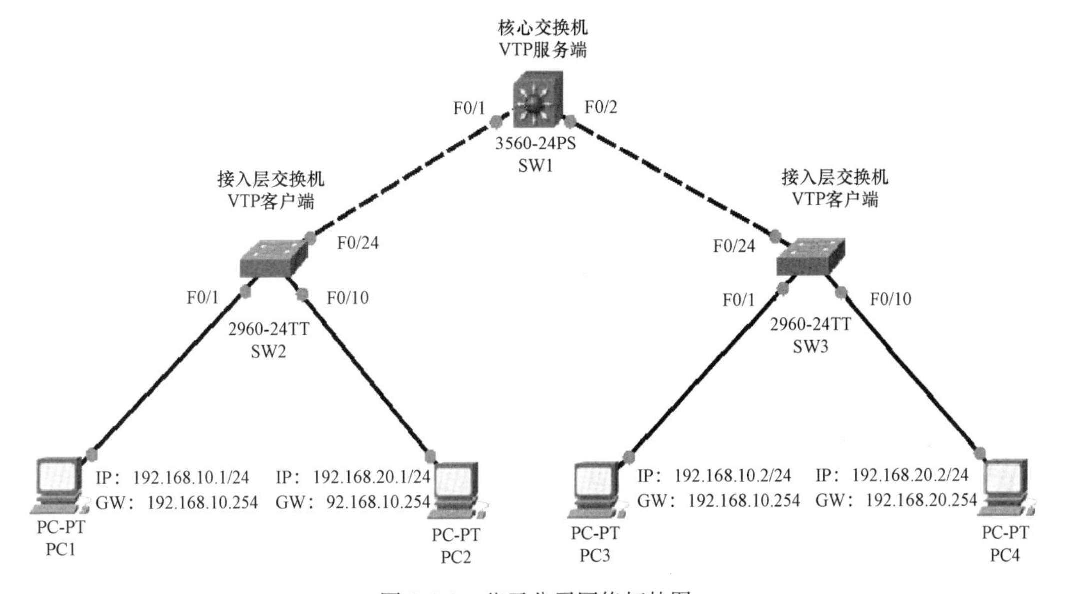

图 2-6-1　蓝天公司网络拓扑图

表 2-6-1　蓝天公司 VTP 服务器 VLAN 划分情况

设备名称	VLAN	端口范围	VLAN 接口 IP
SW1	vlan10	无	192.168.10.254
	vlan20	无	192.168.20.254

【知识准备】

VTP（VLAN Trunk Protocol）即中继协议，它能够保持网络中 VLAN 的一致性，并对网络进行系统化管理；它使网络管理员方便对 VLAN 进行操作，能将 VLAN 配置信息自动地传递到网络中其他的交换机上。另外，它让 VTP 减少了一些有可能导致安全问题的配置。可以在 VTP 服务器上进行设置，使客户端能自动学习其 VLAN 信息。

【任务实施】

1. 把交换机 SW1 设置为 VTP 服务器，配置命令及注解如下：

```
Switch>
Switch>enable
Switch#conf t
Switch (config) #hostname SW1
SW1 (config) #vtp domain myvtp                    ！创建名为 myvtp 的 VTP 域名
Changing VTP domain name from NULL to myvtp
SW1 (config) #vtp mode server                     ！定义交换机为 VTP 服务器
Device mode already VTP SERVER.
SW1 (config) #exit
SW1#
SW1#write
Building configuration…
[OK]
SW1#
```

2. 设置为 VTP 客户端。SW2 的配置命令及注解如下：

```
Switch>
Switch>enable
Switch#conf t
Switch (config) #hostname SW2
SW2 (config) #vtp domain myvtp                    ！创建与服务端相同名称的 VTP
Changing VTP domain name from NULL to myvtp
SW2 (config) #vtp mode client                     ！定义交换机为 VTP 的客户端
Setting device to VTP CLIENT mode.
SW2 (config) #exit
SW2#
SW2#write
Building configuration…
[OK]
SW2#
```

SW3 的配置命令及注解如下：

```
Switch>
Switch>enable
Switch#conf t
Switch (config) #hostname SW3
SW3 (config) #vtp domain myvtp                    ！创建与服务端相同名称的 VTP
Changing VTP domain name from NULL to myvtp
SW3 (config) #vtp mode client                     ！定义交换机为 VTP 的客户端
Setting device to VTP CLIENT mode.
SW3 (config) #exit
```

```
SW3#
SW3#write
Building configuration…
[OK]
SW3#
```

3. 设置 SW1 的 VLAN 划分并配置 SW1 上划分的每个 VLAN 的接口 IP，配置命令如下：

```
SW1>
SW1>enable
SW1#conf t
SW1 (config) #vlan 10
SW1 (config-vlan) #name vlan10
SW1 (config-vlan) #exit
SW1 (config) #vlan 20
SW1 (config-vlan) #name vlan20
SW1 (config-vlan) #exit
SW1 (config) #interface vlan 10
SW1 (config-if) #ip address 192.168.10.254 255.255.255.0        ! 分配 vlan10 的接口 IP
SW1 (config-if) #no shutdown
SW1 (config-if) #exit
SW1 (config) #interface vlan 20
SW1 (config-if) #ip address 192.168.20.254 255.255.255.0        ! 分配 vlan20 的接口 IP
SW1 (config-if) #no shutdown
SW1 (config-if) #exit
SW1 (config) #exit
SW1#
SW1#write
Building configuration…
[OK]
SW1#
```

当第三步完成后，用 show vlan 命令查看，SW2 和 SW3 的 VLAN 状态与 SW1（VTP 服务器端）的 VLAN 状态一致。

SW2 的 VLAN 状态如下：

```
SW2>
SW2>enable
SW2#show vlan

VLAN Name                                    Status    Ports
-----------------------------------------------------------------------------------
```

```
1   default                                active   Fa0/1, Fa0/2, Fa0/3, Fa0/4
                                                    Fa0/5, Fa0/6, Fa0/7, Fa0/8
                                                    Fa0/9, Fa0/10, Fa0/11, Fa0/12
                                                    Fa0/13, Fa0/14, Fa0/15, Fa0/16
                                                    Fa0/17, Fa0/18, Fa0/19, Fa0/20
                                                    Fa0/21, Fa0/22, Fa0/23, Fa0/24
                                                    Gig1/1, Gig1/2
10  vlan10                                 active
20  vlan20                                 active
```

SW3 的 VLAN 状态如下：

```
SW3>
SW3>enable
SW3#show vlan

VLAN Name                                  Status   Ports
    ------------------------------------------------------------------------
1   default                                active   Fa0/1, Fa0/2, Fa0/3, Fa0/4
                                                    Fa0/5, Fa0/6, Fa0/7, Fa0/8
                                                    Fa0/9, Fa0/10, Fa0/11, Fa0/12
                                                    Fa0/13, Fa0/14, Fa0/15, Fa0/16
                                                    Fa0/17, Fa0/18, Fa0/19, Fa0/20
                                                    Fa0/21, Fa0/22, Fa0/23, Fa0/24
                                                    Gig1/1, Gig1/2
10  vlan10                                 active
20  vlan20                                 active
```

4. 将三台交换机的互联端口均设置为 Trunk 类型。

SW1 的配置命令如下：

```
SW1>
SW1>enable
SW1#conf t
SW1 (config) #interface range fastethernet 0/1-2
SW1 (config-if-range) #switchport mode trunk
SW1 (config-if-range) #switchport trunk allowed vlan all
SW1 (config-if-range) #exit
SW1 (config) #exit
SW1#
SW1#write
Building configuration…
[OK]
SW1#
```

SW2 的配置命令如下：

```
SW2>
SW2>enable
SW2#conf t
SW2 (config) #interface fastethernet 0/24
SW2 (config-if) #switchport mode trunk
SW2 (config-if) #switchport trunk allowed vlan all
SW2 (config-if) #exit
SW2 (config) #exit
SW2#
SW2#write
Building configuration…
[OK]
SW2#
```

SW3 的配置命令如下：

```
SW3>
SW3>enable
SW3#conf t
SW3 (config) #interface fastethernet 0/24
SW3 (config-if) #switchport mode trunk
SW3 (config-if) #switchport trunk allowed vlan all
SW3 (config-if) #exit
SW3 (config) #exit
SW3#
SW3#write
Building configuration…
[OK]
SW3#
```

5. 将交换机端口划分到相应的 VLAN 中。

SW2 的配置命令如下：

```
SW2>
SW2>enable
SW2#conf t
SW2 (config) #interface fastethernet 0/1
SW2 (config-if) #switchport access vlan 10
SW2 (config-if) #exit
SW2 (config) #interface fastethernet 0/10
SW2 (config-if) #switchport access vlan 20
```

```
SW2 (config-if) #exit
SW2 (config) #exit
SW2#
SW2#write
Building configuration…
[OK]
SW2#
```

SW3 的配置命令如下：

```
SW3>
SW3>enable
SW3#conf t
SW3 (config) #interface fastethernet 0/1
SW3 (config-if) #switchport access vlan 10
SW3 (config-if) #exit
SW3 (config) #interface fastethernet 0/10
SW3 (config-if) #switchport access vlan 20
SW3 (config-if) #exit
SW3 (config) #exit
SW3#
SW3#write
Building configuration…
[OK]
SW3#
```

完成以上配置后，就实现了全网互通，用 ping 命令去测试网络中所有计算机的连通性，PC1 测试与 PC4 的连通性如图 2-6-2 所示，用相同方法测试其余计算机的连通性。

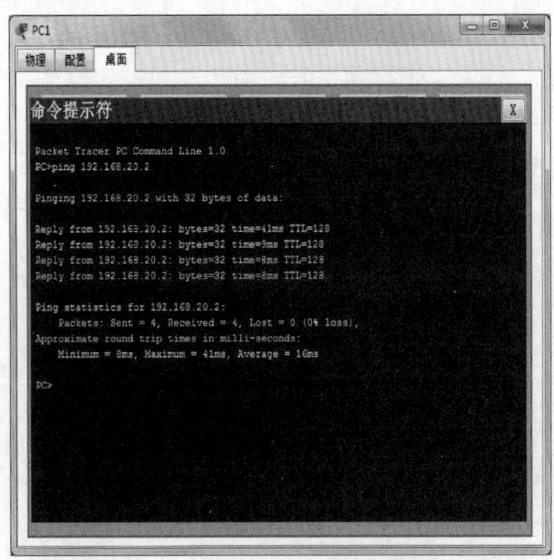

图 2-6-2　PC1 测试与 PC4 连通性结果图

【任务小结】

在局域网中，交换机 VTP 技术的应用在很大程度上减轻了网络管理员的管理负担，使管理员能更方便地对局域网中的 VLAN 进行管理，保证了局域网中 VLAN 的一致性。

【拓展练习】

假设你是某公司的网络管理员，该公司现有一台三层交换机、三台二层交换机和一定数量的计算机，要求运用交换机的 VTP 技术使交换机 VLAN 划分的工作变得高效、简便并实现全网互通。公司网络拓扑图如图 2-6-3 所示，VTP 服务器 VLAN 划分情况如表 2-6-2 所示。

表 2-6-2　某公司 VTP 服务器 VLAN 划分情况

设备名称	VLAN	端口范围	VLAN 接口 IP
SW1	vlan10	无	172. 16. 10. 254
	vlan20	无	172. 16. 20. 254

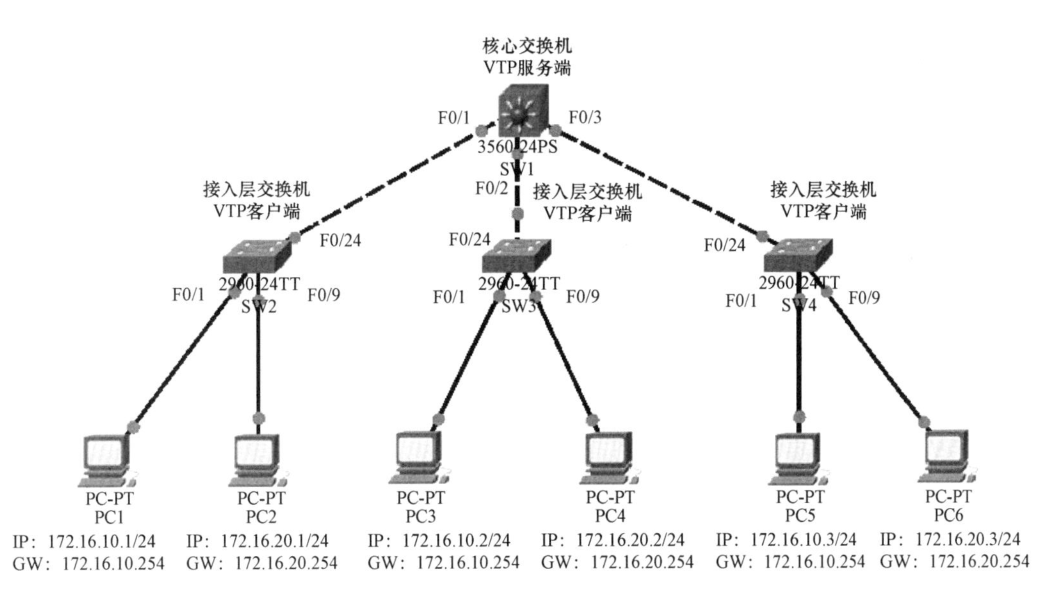

图 2-6-3　某公司网络拓扑图

练习题

一、单选题

1. 虚拟局域网的英文缩写是（　　）。

A. VLAN　　B. SLAN　　C. WAN　　D. SWITCH

2. 设置交换机某端口的端口模式为 Trunk 类型的命令是（　　）。

A. switchport mode trunk　　B. show running-config

C. hostname SW2　　D. switchport access vlan20

3. 下列对交换机端口聚合描述正确的是（　　）。

A. 可对传输数据进行加密　　B. 隔离各 VLAN

C. 避免广播风暴　　D. 提高带宽

4. 下列哪一项不属于生成树的常见版本？（　　）

A. STP　　B. RSTP　　C. SPA　　D. MSTP

5. 把某交换机设定为 VTP 服务端的命令是（　　）。

A. spanning-tree　　B. vtp mode server

C. enable　　D. switchport mode trunk

二、填空题

1. VLAN 的划分必须在________模式下进行。

2. 交换机的所有端口在默认情况下都属于________模式。

3. 在设置交换机的端口聚合时，端口汇聚组必须设置为________模式。

4. 生成树协议属于________层的链路管理协议。

5. 在交换机技术中，VTP 的中文名称叫________。

三、判断题

1. VLAN 能够有效地控制网络广播风暴。（　　）

2. 交换机的端口模式分为 Access 类型和 Trunk 类型。（　　）

3. 端口聚合能够实现相互冗余备份，若其中任意一条链路断开，将会影响其他链路转发数据。（　　）

4. 生成树不仅冗余备份链路，而且能够为 VLAN 配置负载均衡。（　　）

5. 只要 VTP 服务端被更新，则 VTP 客户端也会自动更新。（　　）

项目三　三层交换机配置

任务一　SVI 实现不同 VLAN 间的通信

扫码观看
任务视频

【任务描述】

蓝天公司根据各部门的业务不同，划分出多个 VLAN，各部门实现了网络隔离，这样做虽然解决了各部门网络的安全和干扰问题，但也造成了各部门间网络不能互通的问题，直接导致公司的公共资源不能共享。因此，公司要求网络管理员在一台三层交换机上应用 SVI 技术来实现公司所有部门间网络的安全通信。

蓝天公司网络拓扑图如图 3-1-1 所示，网络地址规划如表 3-1-1 所示。

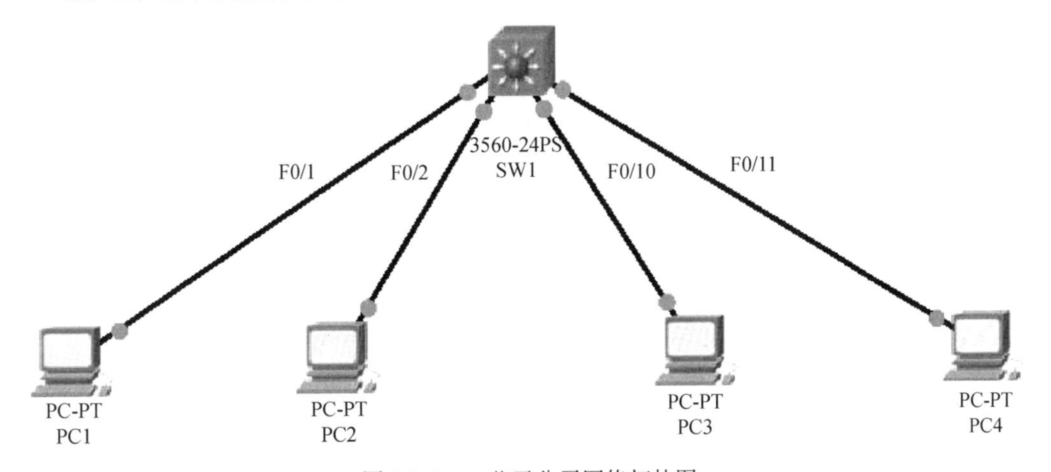

图 3-1-1　蓝天公司网络拓扑图

表 3-1-1　蓝天公司网络地址规划

设备名称	IP 地址	网关	所属 VLAN	端口范围
PC1	192.168.10.1/24	192.168.10.254	vlan10	F0/1～F0/9
PC2	192.168.10.2/24	192.168.10.254		
PC3	192.168.20.1/24	192.168.20.254	vlan20	F0/10～F0/18
PC4	192.168.20.2/24	192.168.20.254		

【知识准备】

SVI（Switch Virtual Interface）即交换机虚拟接口，是交互三级的管理 VLAN 地

址的意思，三层交换技术是在原二层交换功能的基础上加上三层路由转发的功能，以往的交换技术是在网络标准模型（OSI）中的数据链路层，即第二层进行操作的，而三层交换技术是在 OSI 的网络层，即第三层实现了数据包的高速转发，因此，第三层交换技术具备网络路由的功能，不仅如此，它还可以根据各种网络情况实现最好的网络性能。

三层交换机具有以下优点：

1. 利用资源充分，网络速度快。

2. 能任意设置子网的带宽，减少了网络成本。

3. 由于具备访问列表控制功能，让各 VLAN 间进行单向或双向通信，因此具备一定的安全性。

【任务实施】

任务实施之前，虽然四台计算机都连接在一台交换机上，且该交换机还没有划分 VLAN，所有端口都在默认的 vlan1 中，但四台计算机的 IP 地址分属两个不同的网段，所以 PC1 和 PC2 是互通的，PC3 和 PC4 是互通的，但 PC2、PC2 与 PC3、PC4 之间是没有互通的，用 ping 命令去测试 PC2 与 PC1、PC4 的连通性如图 3-1-2 所示，用相同方法测试其余计算机之间的连通性。

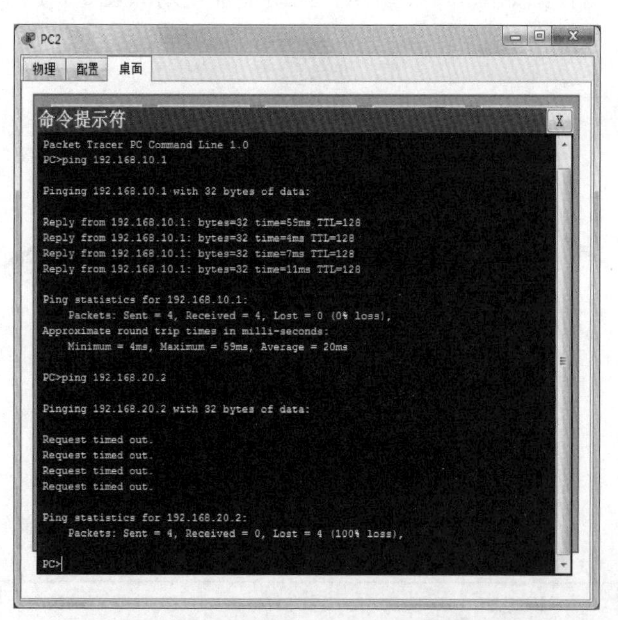

图 3-1-2　PC2 测试与 PC1、PC4 连通性结果图

1. 按照图 3-1-2 把交换机 SW1 划分成 2 个 VLAN 并分配相应的端口，并配置 SW1 上划分的每个 VLAN 的接口 IP，配置命令如下：

```
Switch>
Switch>enable
Switch#conf t
```

```
Switch (config) #hostname SW1
SW1 (config) #vlan 10
SW1 (config-vlan) #exit
SW1 (config) #vlan 20
SW1 (config-vlan) #exit
SW1 (config) #interface range fastethernet 0/1-9
SW1 (config-if-range) #switchport access vlan 10
SW1 (config-if-range) #exit
SW1 (config) #interface range fastethernet 0/10-18
SW1 (config-if-range) #switchport access vlan 20
SW1 (config-if-range) #exit
SW1 (config) #interface vlan 10
SW1 (config-if) #ip address 192.168.10.254 255.255.255.0        ！分配 vlan10 的接口 IP
SW1 (config-if) #no shutdown
SW1 (config-if) #exit
SW1 (config) #interface vlan 20
SW1 (config-if) #ip address 192.168.20.254 255.255.255.0        ！分配 vlan20 的接口 IP
SW1 (config-if) #no shutdown
SW1 (config-if) #exit
SW1 (config) #exit
SW1#
SW1#write
Building configuration…
[OK]
SW1#
```

2. 把三层交换机 SW1 的路由功能打开，配置命令及注解如下：

```
SW1>
SW1>enable
SW1#conf t
SW1 (config) #ip routing                          ！开启 SW1 的路由功能
SW1 (config) #interface fastethernet 0/24
SW1 (config-if) #no switchport                    ！开启端口的三层路由功能
SW1 (config-if) #ip address 10.1.1.1 255.255.255.0
SW1 (config-if) #exit
SW1 (config) #exit
SW1#
SW1#write
Building configuration…
[OK]
SW1#
```

3. 设置计算机 PC1～PC4 的网关（GW）。PC1 与 PC2 的网关为上连设备 SW1 中 vlan10 的接口 IP 地址（192.168.10.254），PC3 与 PC4 的网关为上连设备 SW1 中 vlan20 的接口 IP 地址（192.168.20.254）。在计算机桌面的“IP 配置”中设置各计算机的网关（GW），PC1 的网关设置如图 3-1-3 所示，用相同方法设置其他计算机的网关。

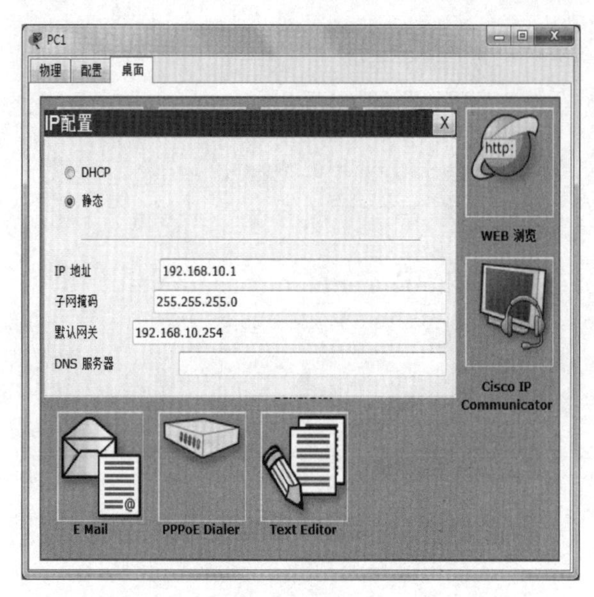

图 3-1-3　设置 PC1 的网关（GW）图

【提示】各计算机之间在进行跨网络互通时，要设置网关来进行路由转发，在设置计算机的网关（GW）时应选择该计算机的上连设备 IP 地址，又叫下一跳地址。

任务完成后，用 ping 命令测试四台计算机之间的连通性，结果四台计算机都能互通了，用 PC2 测试 PC4 的连通性如图 3-1-4 所示，用相同方法测试其余计算机之间的连通性。

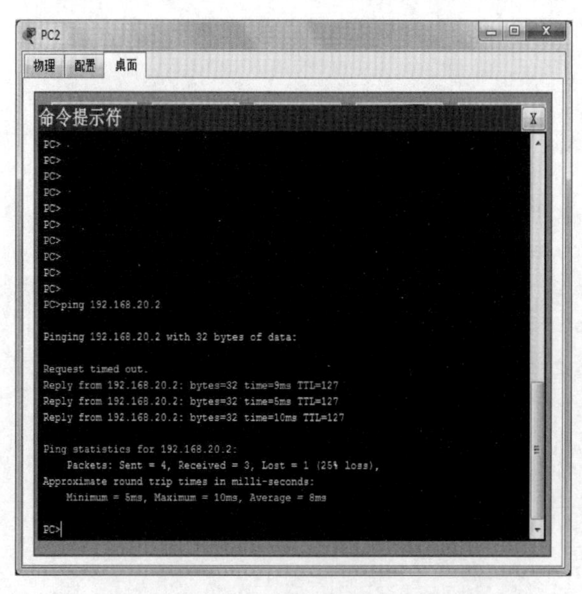

图 3-1-4　PC2 测试 PC4 连通性结果图

【任务小结】

如果一台三层交换机划分了多个 VLAN，每个 VLAN 被设置为不同网段 IP 地址，若要使与交换机连接的各计算机互通，除了要设置每个 VLAN 的接口 IP 地址外，还要设置每台计算机的网关（GW），即上连 VLAN 的接口 IP 地址。三层交换机在实际应用中，是用来连接处于同一局域网中的各子网，并且在局域网中各 VLAN 间进行路由，若局域网与公网要进行连接时，才会用到专业路由器。

【拓展练习】

某公司有四个部门，各部门的计算机均连接在一台三层交换机上，且各部门的计算机分属不同的 VLAN，要求在三层交换机上应用 SVI 技术来实现整个公司的全网互通。某公司网络拓扑图如图 3-1-5 所示，网络地址规划如表 3-1-2 所示。

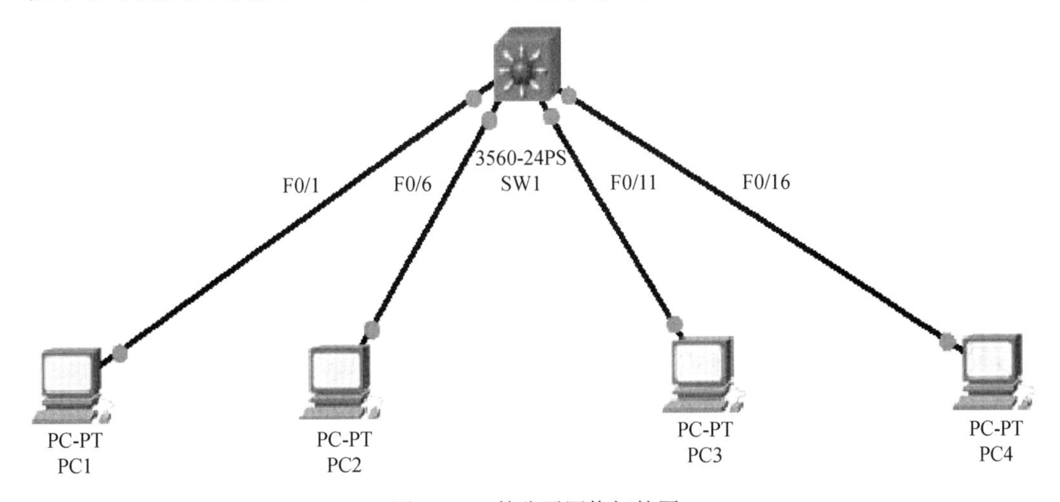

图 3-1-5　某公司网络拓扑图

表 3-1-2　某公司网络地址规划

设备名称	IP 地址	网关	所属 VLAN	端口范围
PC1	172.16.10.1/24	172.16.10.254	vlan10	F0/1～F0/5
PC2	172.16.20.2/24	172.16.20.254	vlan20	F0/6～F0/10
PC3	172.16.30.1/24	172.16.30.254	vlan30	F0/11～F0/15
PC4	172.16.40.2/24	172.16.40.254	vlan40	F0/16～F0/20

任务二　DHCP 服务

【任务描述】

蓝天公司两个部门的所有 PC 都连接在一台三层交换机上，此前，公司网络采用固定 IP 地址，很多员工会手动修改自己计算机的 IP 地址，导致地址冲突的情况时有发生，为了避免出现此类问题，公司要求网络管理员配置三层交换机的 DHCP 来实现 IP 地址的动态管理，使所有设备自动获取 IP 地址，提高网络管理效率。

蓝天公司网络拓扑图如图 3-2-1 所示，三层交换机 VLAN 划分情况如表 3-2-1 所示。

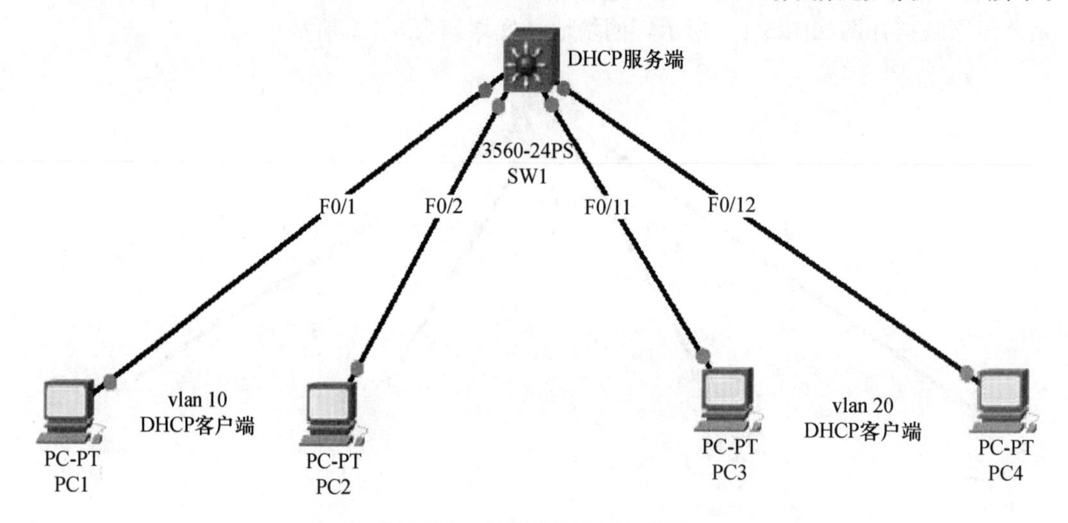

图 3-2-1　蓝天公司网络拓扑图

表 3-2-1　蓝天公司三层交换机 VLAN 划分情况

设备名称	VLAN	端口范围	VLAN 接口 IP
SW1	vlan10	F0/1～F0/10	192.168.10.1
	vlan20	F0/11～F0/20	192.168.20.1

【知识准备】

DHCP（Dynamic Host Configuration Protocol）即动态主机配置协议，它属于 TCP/IP 协议族中的一种，它能动态地为网络中的计算机分配 IP 地址。

DHCP 的工作原理是当网络中的客户端登录服务端时，DHCP 服务器就会从由它控制的一段 IP 地址范围中分配一个给客户端，这样，客户端就自动获得了一个 IP 地址、子网掩码（SM）、网关（GW）及 DNS 地址。

【任务实施】

任务实施之前，网络中的四台计算机是无法互相通信的，因为没有给它们配置静态的 IP 地址，可用 ipconfig 或 ipconfig /all 命令查看当前计算机的 IP 地址基本设置或详细配置，图 3-2-2 为查看 PC1 IP 地址及相关参数的结果，用相同命令查看另外三台计算机的 IP 地址设置。

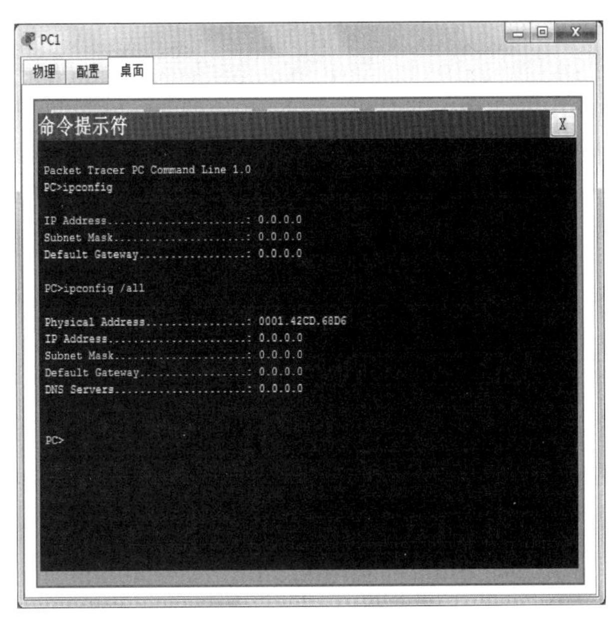

图 3-2-2　查看 PC1 的 IP 地址及相关参数

1. 按照表 3-2-1 把交换机 SW1 划分成 2 个 VLAN 并分配相应的端口。配置命令如下：

```
Switch>
Switch>enable
Switch#conf t
Switch (config) #hostname SW1
SW1 (config) #vlan 10
SW1 (config-vlan) #exit
SW1 (config) #vlan 20
SW1 (config-vlan) #exit
SW1 (config) #interface range fastethernet 0/1-10
SW1 (config-if-range) #switchport access vlan 10
SW1 (config-if-range) #exit
SW1 (config) #interface range fastethernet 0/11-20
SW1 (config-if-range) #switchport access vlan 20
SW1 (config-if-range) #exit
SW1 (config) #exit
SW1#
SW1#write
Building configuration…
[OK]
SW1#
```

2. 按照表3-2-1配置交换机SW1上每个VLAN的接口IP地址以启动交换机的三层功能。配置命令如下：

```
SW1＞
SW1＞enable
SW1＃conf t
SW1（config）＃interface vlan 10
SW1（config-if）＃ip address 192.168.10.1 255.255.255.0    ！分配vlan10的接口IP
SW1（config-if）＃no shutdown
SW1（config-if）＃exit
SW1（config）＃interface vlan 20
SW1（config-if）＃ip address 192.168.20.1 255.255.255.0    ！分配vlan20的接口IP
SW1（config-if）＃no shutdown
SW1（config-if）＃exit
SW1（config）＃exit
SW1＃
SW1＃write
Building configuration…
[OK]
SW1＃
```

3. 在交换机SW1上配置DHCP服务，由于该网络中有两个VLAN，所以要配置两个DHCP地址池以实现与两个VLAN所连接的计算机能分别获取不同网段的IP地址，配置命令及注解如下：

```
SW1＞
SW1＞enable
SW1＃conf t
SW1（config）＃ip dhcp pool idp10                         ！定义地址池idp10
SW1（dhcp-config）＃network 192.168.10.0 255.255.255.0    ！设置地址池网络范围
SW1（dhcp-config）＃dns-server 202.96.128.166             ！使用广东省的DNS服务器地址
SW1（dhcp-config）＃default-router 192.168.10.1           ！设置网关
SW1（dhcp-config）＃exit
SW1（config）＃ip dhcp pool idp20                         ！定义地址池idp20
SW1（dhcp-config）＃network 192.168.20.0 255.255.255.0
SW1（dhcp-config）＃dns-server 202.96.128.166
SW1（dhcp-config）＃default-router 192.168.20.1
SW1（dhcp-config）＃exit
SW1（config）＃exit
SW1＃
SW1＃write
Building configuration…
[OK]
SW1＃
```

【提示】在思科模拟器（Packet Tracer）中，DHCP 服务在交换机的默认状态下是启用的。因此在该模拟器中只需设置 DHCP 的具体参数就可以了，但需要注意的是，在一些真实交换机的默认状态下，DHCP 服务是没有启动的。

4. 分别把 PC1～PC4 计算机桌面的“IP 配置”打开，在弹出的对话框中选择 DHCP，几秒之后，计算机将获得 IP 地址及相关参数，如图 3-2-3 所示。用相同方法设置其他计算机。

图 3-2-3 PC1 获得 IP 地址的对话框

通过第四步操作，使每台计算机都获取了相应的 IP 地址及相关参数，连接到 vlan10 的计算机获得的是 192.168.10.0 网段的 IP 地址，而连接到 vlan20 的计算机获得的是 192.168.20.0 网段的 IP 地址，如表 3-2-2 所示。

表 3-2-2 计算机 IP 信息

计算机	IP 地址	子网掩码（SM）	网关（GW）	DNS 地址
PC1	192.168.10.2	255.255.255.0	192.168.10.1	202.96.128.166
PC2	192.168.10.3	255.255.255.0	192.168.10.1	202.96.128.166
PC3	192.168.20.2	255.255.255.0	192.168.20.1	202.96.128.166
PC4	192.168.20.3	255.255.255.0	192.168.20.1	202.96.128.166

5. 设置保留的 IP 地址，把 192.168.10.0 网段的 IP 地址保留前二十个以备用，把 192.168.20.0 网段的 IP 地址保留前三十个以备用。配置命令如下：

```
SW1>
SW1>enable
SW1#conf t
SW1 (config) #ip dhcp excluded-address 192.168.10.2 192.168.10.20
```

```
SW1 (config) #ip dhcp excluded-address 192.168.20.2 192.168.20.30
SW1 (config) #exit
SW1#
SW1#write
Building configuration…
[OK]
SW1#
```

【提示】在网络中，常会有一些硬件服务器或其他网络设备的存在，需要给它们分配固定的IP地址，所以，当该网络存在DHCP服务时，应该预留一部分IP地址供这些设备使用。

通过第四步操作，再把PC1～PC4计算机桌面的“IP配置”打开，在弹出的对话框中先“静态”，再选择DHCP，这时计算机就会重新获得IP地址，这些IP地址是不包括预留的那一部分IP地址的，如表3-2-3所示。

表3-2-3　计算机IP信息

计算机	IP地址	子网掩码（SM）	网关（GW）	DNS地址
PC1	192.168.10.21	255.255.255.0	192.168.10.1	202.96.128.166
PC2	192.168.10.22	255.255.255.0	192.168.10.1	202.96.128.166
PC3	192.168.20.31	255.255.255.0	192.168.20.1	202.96.128.166
PC4	192.168.20.32	255.255.255.0	192.168.20.1	202.96.128.166

用ping命令去测试四台计算机之间的连通性，可以证明，该网络中的四台计算机是互通的。

【任务小结】

配置交换机的DHCP能减轻网络管理员分配IP地址的工作量，提高了网络管理的效率，因此，DHCP是目前IP地址分配中广泛采用的一种方式。

【拓展练习】

某公司有三个部门，各部门的计算机都连接在一台三层交换机上，要求运用DHCP技术实现各计算机的IP地址自动分配和全网互通。某公司网络拓扑图如图3-2-4所示，三层交换机VLAN划分情况如表3-2-4所示。

表3-2-4　某公司三层交换机VLAN划分情况

设备名称	VLAN	端口范围	VLAN接口IP
SW1	vlan10	F0/1～F0/5	172.16.10.1
	vlan20	F0/6～F0/10	172.16.20.1
	vlan30	F0/11～F0/15	172.16.30.1

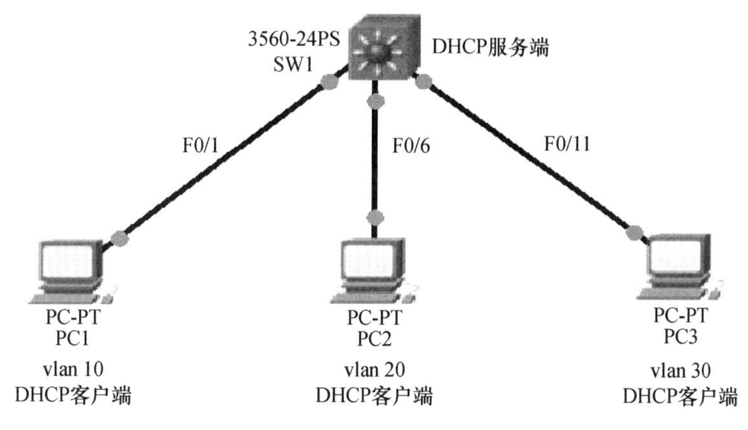

图 3-2-4　某公司网络拓扑图

任务三　配置三层交换机静态路由

【任务描述】

蓝天公司有两个处于不同地点的办公场所，两个办公场所之间通过各自的一台三层交换机进行连接，公司要求网络管理员要对两台三层交换机上进行静态路由配置以实现两个办公场所之间的全网互通。

蓝天公司网络拓扑图如图 3-3-1 所示，网络地址规划如表 3-3-1 所示，三层交换机 VLAN 划分情况如表 3-3-2 所示。

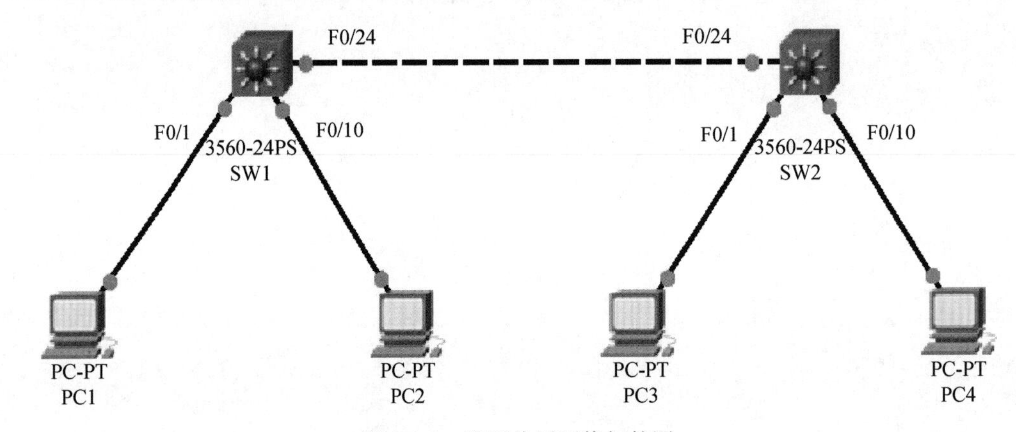

图 3-3-1　蓝天公司网络拓扑图

表 3-3-1　蓝天公司网络地址规划

设备名称	所属 VLAN	PC 的 IP 地址	网关（GW）
PC1	vlan10	192.168.10.2/24	192.168.10.1
PC2	vlan20	192.168.20.2/24	192.168.20.1
PC3	vlan30	192.168.30.2/24	192.168.30.1
PC4	vlan40	192.168.40.2/24	192.168.40.1

表 3-3-2　蓝天公司三层交换机 VLAN 划分情况

设备名称	VLAN 名称	端口范围	接口 IP
SW1	vlan10	F0/1～F0/9	192.168.10.1
	vlan20	F0/10～F0/18	192.168.20.1
	vlan100	F0/24	192.168.100.1
SW2	vlan30	F0/1～F0/9	192.168.30.1
	vlan40	F0/10～F0/18	192.168.40.1
	vlan100	F0/24	192.168.100.2

【知识准备】

静态路由（Static Routing）是网络管理员对路由器手动配置的路由项，当网络的拓扑结构或者链路状态发生改变时，网络管理员需要手动对路由表的相关信息进行修改。静态路由一般适用于一些结构简单的网络，或者是对安全性有一定要求的网络，如果是大型网络或复杂网络，应采用动态路由的方式，而不宜采用静态路由的方式，因为这样会增加网络管理员的工作难度和工作强度，从而也增加了产生错误的可能性。

【任务实施】

1. 按照表 3-3-2 把交换机 SW1 划分成三个 VLAN 并分配相应的端口，配置 SW1 上划分的每个 VLAN 的接口 IP。配置命令如下：

```
Switch>
Switch>enable
Switch#conf t
Switch (config) #hostname SW1
SW1 (config) #vlan 10
SW1 (config-vlan) #exit
SW1 (config) #vlan 20
SW1 (config-vlan) #exit
SW1 (config) #vlan 100
SW1 (config-vlan) #exit
SW1 (config) #interface range fastethernet 0/1-9
SW1 (config-if-range) #switchport access vlan 10
SW1 (config-if-range) #exit
SW1 (config) #interface range fastethernet 0/10-18
SW1 (config-if-range) #switchport access vlan 20
SW1 (config-if-range) #exit
SW1 (config) #interface fastethernet 0/24
SW1 (config-if) #switchport access vlan 100
SW1 (config-if) #interface vlan 10
SW1 (config-if) #ip address 192.168.10.1 255.255.255.0    ！分配 vlan10 的接口 IP
SW1 (config-if) #no shutdown
SW1 (config-if) #exit
SW1 (config) #interface vlan 20
SW1 (config-if) #ip address 192.168.20.1 255.255.255.0    ！分配 vlan20 的接口 IP
SW1 (config-if) #no shutdown
SW1 (config-if) #exit
SW1 (config) #interface vlan 100
SW1 (config-if) #ip address 192.168.100.1 255.255.255.0   ！分配 vlan100 的接口 IP
SW1 (config-if) #no shutdown
SW1 (config-if) #exit
```

```
SW1 (config) #exit
SW1#
SW1#write
Building configuration…
[OK]
SW1#
```

2. 按照表 3-3-2 把交换机 SW2 划分成三个 VLAN 并分配相应的端口，配置 SW2 上划分的每个 VLAN 的接口 IP。配置命令如下：

```
Switch>
Switch>enable
Switch#conf t
Switch (config) #hostname SW2
SW2 (config) #vlan 30
SW2 (config-vlan) #exit
SW2 (config) #vlan 40
SW2 (config-vlan) #exit
SW2 (config) #vlan 100
SW2 (config-vlan) #exit
SW2 (config) #interface range fastethernet 0/1-9
SW2 (config-if-range) #switchport access vlan 30
SW2 (config-if-range) #exit
SW2 (config) #interface range fastethernet 0/10-18
SW2 (config-if-range) #switchport access vlan 40
SW2 (config-if-range) #exit
SW2 (config) #interface fastethernet 0/24
SW2 (config-if) #switchport access vlan 100
SW2 (config-if) #exit
SW2 (config) #interface vlan 30
SW2 (config-if) #ip address 192.168.30.1 255.255.255.0   ! 分配 vlan30 的接口 IP
SW2 (config-if) #no shutdown
SW2 (config-if) #exit
SW2 (config) #interface vlan 40
SW2 (config-if) #ip address 192.168.40.1 255.255.255.0   ! 分配 vlan40 的接口 IP
SW2 (config-if) #no shutdown
SW2 (config-if) #exit
SW2 (config) #interface vlan 100
SW2 (config-if) #ip address 192.168.100.2 255.255.255.0  ! 分配 vlan100 的接口 IP
SW2 (config-if) #no shutdown
SW2 (config-if) #exit
SW2 (config) #exit
SW2#
```

```
SW2#write
Building configuration…
[OK]
SW2#
```

第一步和第二步的配置完成后，用 ping 命令去测试四台计算机之间的连通性，可见，同一台交换机上连接的计算机之间是可以互通的，但连接在不同交换机上的计算机之间是不能互通的，用 PC2 测试 PC1、PC4 的连通性如图 3-3-2 所示，用相同方法测试其余计算机之间的连通性。

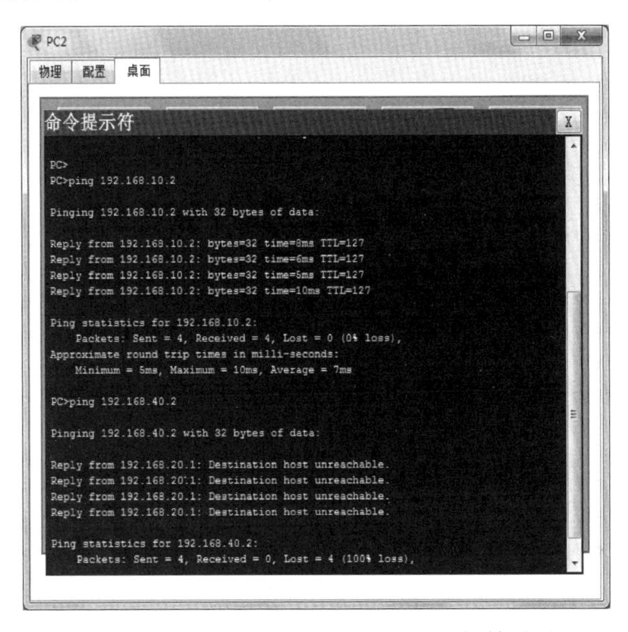

图 3-3-2　PC2 测试与 PC1、PC4 连通性结果图

3. 对交换机 SW1 进行静态路由配置，由于 vlan30 和 vlan40 都不是交换机 SW1 的直连网络，所以要为 vlan 30 和 vlan 40 添加相应的静态路由，其下一跳的地址是 SW1 连过去的对端 VLAN 的接口 IP 地址。

配置静态路由的命令格式为：

```
"ip route [网络号] [子网掩码] [下一跳 IP 地址] "
```

删除静态路由的命令格式为：

```
"no ip route [网络号] [子网掩码] [下一跳 IP 地址] "
```

配置命令及注解如下：

```
SW1>
SW1>enable
SW1#conf t
SW1 (config) #ip route 192.168.30.0 255.255.255.0 192.168.100.2 !配置静态路由
```

```
SW1 (config) #ip route 192.168.40.0 255.255.255.0 192.168.100.2 ！配置静态路由
SW1 (config) #exit
SW1#
SW1#write
Building configuration…
[OK]
SW1#
```

4. 同理，对交换机 SW2 进行静态路由配置，配置命令如下：

```
SW2>
SW2>enable
SW2#conf t
SW2 (config) #ip route 192.168.10.0 255.255.255.0 192.168.100.1
SW2 (config) #ip route 192.168.20.0 255.255.255.0 192.168.100.1
SW2 (config) #exit
SW2#
SW2#write
Building configuration…
[OK]
SW2#
```

5. 查看静态路由表，其命令格式为"show ip route"。

SW1 的静态路由表如下：

```
SW1>
SW1>enable
SW1#show ip route
Codes: C-connected, S-static, I-IGRP, R-RIP, M-mobile, B-BGP
       D-EIGRP, EX-EIGRP external, O-OSPF, IA-OSPF inter area
       N1-OSPF NSSA external type 1, N2-OSPF NSSA external type 2
       E1-OSPF external type 1, E2-OSPF external type 2, E-EGP
       i-IS-IS, L1-IS-IS level-1, L2-IS-IS level-2, ia-IS-IS inter area
       ! -candidate default, U-per-user static route, o-ODR
       P-periodic downloaded static route

Gateway of last resort is not set


C     192.168.10.0/24 is directly connected, Vlan10
C     192.168.20.0/24 is directly connected, Vlan20
S     192.168.30.0/24 [1/0] via 192.168.100.2
S     192.168.40.0/24 [1/0] via 192.168.100.2
C     192.168.100.0/24 is directly connected, Vlan100
SW1#
```

用相同的方法查看 SW2 的静态路由表。

【提示】在每一条路由信息前都有一个大写字母，它们代表了该条路由表的实现方式，以下是几个比较常用的：

字母 C 表示设备直连的网络；

字母 S 表示为静态路由，由网络管理员手动添加的路由信息；

字母 R 表示该设备是通过 RIP 路由协议学习到的路由信息；

字母 O 表示该设备是通过 OSFP 路由协议学习到的路由信息；

E1、E2 表示设备是通过 OSFP 路由重发布学习到的路由信息。

任务完成后，再次使用 ping 命令去测试 PC2 与 PC4 的连通性，可以证明，一开始是不通的，可过一会儿就通了，用相同方法测试其余计算机之间的连通性，最终可证明此时全网都是互通的。

【任务小结】

当一个网络中出现多台交换机且每台交换机上所划分的多个 VLAN 均不同时，若要实现全网互通，那就要对交换机进行静态路由的配置。此外，配置静态路由需注意：目的网络是本交换机不直连的网络，下一跳地址是交换机间互联的 VLAN 接口 IP 地址，所有计算机都要配置对应的网关。

【拓展练习】

某学校有两个校区，两个校区之间通过各自的一台三层交换机进行连接，现要在两台三层交换机上做适当配置，要求运用静态路由技术实现两个校区之间的全网互通。学校网络拓扑图如图 3-3-3 所示，网络地址规划如表 3-3-3 所示，三层交换机 VLAN 划分情况如表 3-3-4 所示。

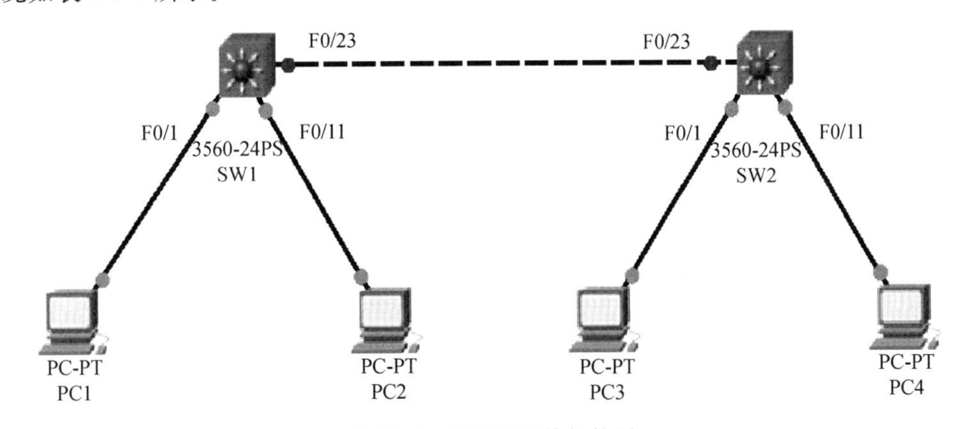

图 3-3-3　某学校网络拓扑图

表 3-3-3　某学校网络地址规划

设备名称	所属 VLAN	PC 的 IP 地址	网关（GW）
PC1	vlan10	172.16.10.2/24	172.16.10.1

续表

设备名称	所属 VLAN	PC 的 IP 地址	网关（GW）
PC2	vlan20	172.16.20.2/24	172.16.20.1
PC3	vlan30	172.16.30.2/24	172.16.30.1
PC4	vlan40	172.16.40.2/24	172.16.40.1

表 3-3-4　某学校三层交换机 VLAN 划分情况

设备名称	VLAN 名称	端口范围	接口 IP
SW1	vlan10	F0/1～F0/10	172.16.10.1
	vlan20	F0/11～F0/20	172.16.20.1
	vlan100	F0/23	172.16.100.1
SW2	vlan30	F0/1～F0/10	172.16.30.1
	vlan40	F0/11～F0/20	172.16.40.1
	vlan100	F0/23	172.16.100.2

练 习 题

一、单选题

1. 网络标准参考模型 OSI 的第三层指的是（　　）。

A. 网络层　　B. 应用层

C. 传输层　　D. 数据链路层

2. 下列不属于 DHCP 特点的是（　　）。

A. 自动分配 IP 地址　　B. 错误 IP 地址减少

C. 网络管理便捷　　D. 大大提高网速

3. 静态路由适用于下列哪种网络？（　　）

A. 对安全性无要求的网络　　B. 复杂网络

C. 简单的小型网络　　D. 中大型网络

二、填空题

1. 三层交换技术具备________网络的功能。

2. 动态主机配置协议英文简称为________。

3. 在静态路由表中，字母________表示设备直连的网络。

三、判断题

1. 三层交换技术是在原二层交换功能的基础上加上三层路由转发的功能。（　　）

2. 目前，DHCP 是 IP 地址分配中常用的一种方式。（　　）

3. 配置静态路由的命令格式为“ip route [网络号] [子网掩码] [下一跳 IP 地址]”。（　　）

项目四　路由器配置

任务一　路由器基本配置

【任务描述】

蓝天公司为了满足公司的网络需求，新购置了几台路由器，现需要网络管理员对路由器进行相关的配置。

蓝天公司网络拓扑图如图 4-1-1 所示。

图 4-1-1　蓝天公司路由器配置拓扑图

【知识准备】

和交换机一样，路由器的配置模式主要包括用户模式、特权模式、全局配置模式、端口配置模式等，用户可以通过相关模式对其进行配置和管理。第一次配置路由器时，必须通过 Console 口进行配置。

一、用户模式

在默认情况下，配置路由器时首先进入的就是用户模式。“Router>”表示的就是用户模式。其中的 Router 是路由器的主机名，对于未配置的路由器默认的主机名是 Router。

```
…System Configuration Dialog…
Continue with configuration dialog? [yes/no]: no                ! 不进入配置向导
Press RETURN to get started!
Router>                                                         ! 用户模式
```

二、特权模式

在用户模式中输入命令“enable”即可进入特权模式。在特权模式下，可查看和修改路由器的相关配置信息。

```
Router>enable                                ! 使用 enable 命令进入特权模式
Router#                                      ! 特权模式
```

三、全局配置模式

在特权模式中输入命令“configure terminal”即可进入全局配置模式。在全局配置模式下，可以设置路由器相关全局性参数，如配置路由协议、设置主机名等。

```
Router#configure terminal
Enter configuration commands, one per line. End with CNTL/Z.
Router (config) #                                      ! 全局配置模式
```

四、端口配置模式

在全局配置模式下输入命令“interface”即可进入端口配置模式。可以在此模式下配置端口的 IP 地址等相关信息。

```
Router (config) #interface fastEthernet 0/0
Router (config-if) #                                   ! 端口配置模式
```

【任务实施】

一、路由器的基本配置

1. 设置路由器名称

路由器的主机名默认为 Router。在全局配置模式下输入“hostname ＋ 新的名字”即可更改路由器名字。如设置路由器名称为 R1，其配置命令如下：

```
Router>
Router>enable
Router#configure terminal
Enter configuration commands, one per line. End with CNTL/Z.
Router (config) #hostname R1                          ! 更改路由器名称
R1 (config) #
```

2. 设置路由器特权密码

在全局配置模式下输入“enable password ＋ 密码”，设置路由器的特权密码。

```
R1#configure terminal
Enter configuration commands, one per line. End with CNTL/Z.
R1 (config) #enable password 123456                   ! 设置特权密码
R1 (config) #
```

3. 验证密码

```
R1>enable
Password:                                        ! 输入设置的密码 123456
R1#                                              ! 进入特权模式
```

4. 使用 show running-config 查看路由器配置信息

```
R1#show running-config                           ! 查看当前路由器配置信息
Building configuration…
Current configuration : 427 bytes
!
version 12.2
no service timestamps log datetime msec
no service timestamps debug datetime msec
no service password-encryption
!
hostname R1
!
enable password 123456
!
ipcef
no ipv6 cef
--More--
…
```

二、配置路由器远程登录

1. 配置路由器信息

```
R1(config)#line vty 0 4                                 ! 开启远程登录
R1(config-line)#password 12345                          ! 设置登录密码
R1(config-line)#login                                   ! 允许登录
R1(config-line)#exit
R1(config)#int F0/0                                     ! 进入 F0/0 端口
R1(config-if)#ip add 192.168.1.1 255.255.255.0          ! 配置端口 IP 地址
R1(config-if)#no shutdown
```

2. 配置 PC0 信息（图 4-1-2）

3. 验证远程登录配置

在 PC0 上使用 telnet 命令进入远程登录，如图 4-1-3 所示。

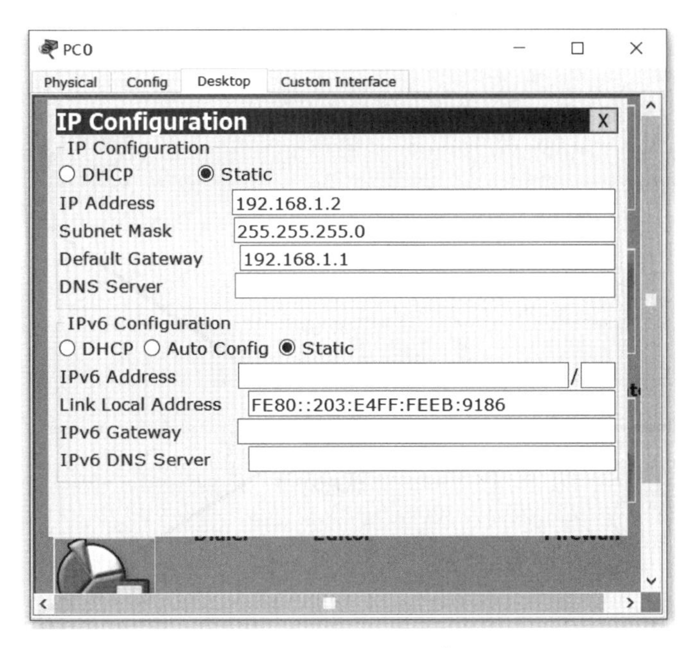

图 4-1-2　PC1 的配置信息

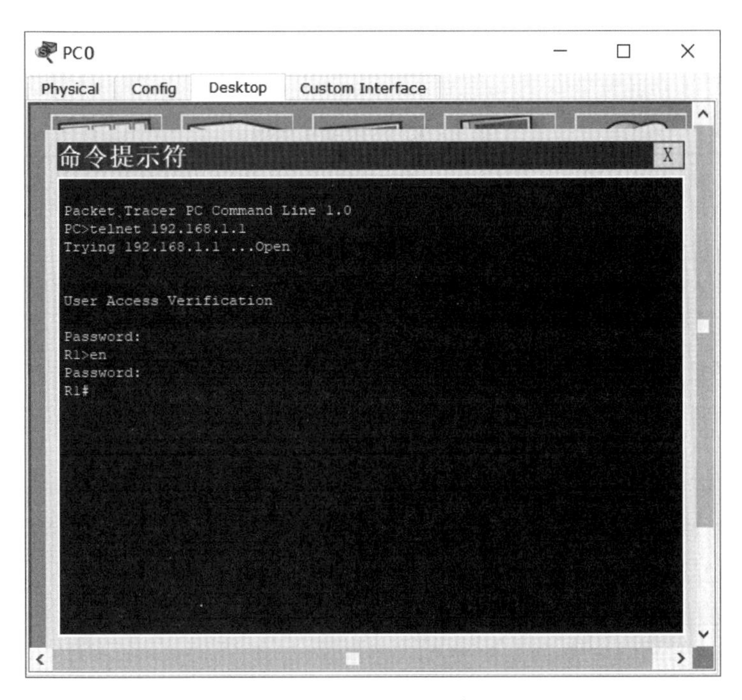

图 4-1-3　远程登录验证

【任务小结】

路由器的主要作用是实现不同网络之间的连通，熟练掌握路由器的基本配置便于以后的管理，提高网络系统性能。

【拓展练习】

根据图 4-1-4 和表 4-1-1，完成路由器的相关配置。

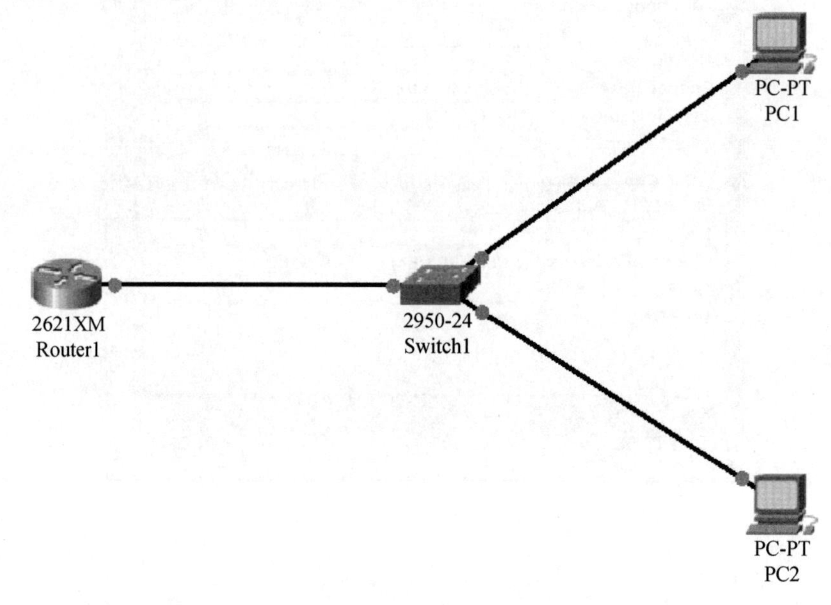

图 4-1-4　网络拓扑图

表 4-1-1　网络地址规划

<table>
<tr><th>设备名称</th><th>接口</th><th>接口地址</th><th>IP 地址</th><th>默认网关</th></tr>
<tr><td>PC1</td><td colspan="2">\</td><td>172.16.10.1/24</td><td>172.16.10.254</td></tr>
<tr><td>PC2</td><td colspan="2">\</td><td>172.16.10.2/24</td><td>172.16.10.254</td></tr>
<tr><td>Router1</td><td>F0/0</td><td>172.168.10.254</td><td colspan="2">\</td></tr>
<tr><td rowspan="3">Switch1</td><td>F0/1</td><td>与 PC1 相连</td><td colspan="2">\</td></tr>
<tr><td>F0/2</td><td>与 PC2 相连</td><td colspan="2">\</td></tr>
<tr><td>F0/24</td><td>与 Router1 相连</td><td colspan="2">\</td></tr>
</table>

1. 设置路由器的时间为 2010 年 10 月 10 日早上 10 时 10 分；
2. 设置路由器的名称为 RT1；
3. 设置路由器的特权密码为 888888；
4. 配置路由器的远程登录，登录密码为 123abc；
5. 在 PC1 上远程登录到路由器，修改路由器的名称为 RR1；
6. 保存路由器配置；
7. 查看路由器的配置信息。

任务二　配置单臂路由

扫码观看
任务视频

【任务描述】

蓝天公司在组建局域网过程中，根据公司三个部门业务的不同，需要二层交换机上划分三个 VLAN，实现不同部门之间的安全隔离和管理。此外，三个部门间仍然能够实现相互通信，公司希望网络管理员能够利用原有的一台路由器来完成这项工作任务。

如图 4-2-1 所示为蓝天公司网络拓扑图，网络地址规划如表 4-2-1 所示。

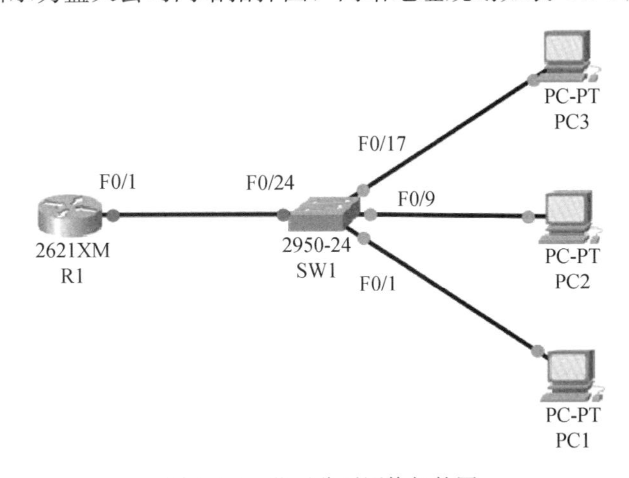

图 4-2-1　蓝天公司网络拓扑图

表 4-2-1　蓝天公司网络地址规划

设备名称	所在部门	所属 VLAN	IP 地址	默认网关
PC1	人事部	vlan10	192.168.10.2/24	192.168.10.254
PC2	销售部	vlan20	192.168.20.2/24	192.168.20.254
PC3	技术部	vlan30	192.168.30.2/24	192.168.30.254

【知识准备】

一、单臂路由的原理

随着 VLAN 数量的增加，路由器上的接口非常有限，不能让每一个 VLAN 连接到对应的接口，因此，通过配置单臂路由，在路由器的一个物理接口上通过配置创建多个子接口（逻辑接口）分别对应不同的 VLAN，子接口作为 VLAN 的默认网关，当不同 VLAN 间的用户主机需要通信时，只需将数据包发送给网关，网关处理后再发送至目标主机所在 VLAN，从而实现 VLAN 间通信。

二、配置单臂路由的方法

1. 启动子接口：

```
Router (config) # interface 端口 . 1/2/3…
```

如：Router（config）＃ interface F0/0. 1

2. 在子接口上封装 dot1Q（IEEE802. 1Q）协议，指向对应的 VLAN。

```
Router (config-subif) #encapsulation dot1Q vlan ID
```

【任务实施】

一、在二层交换机上配置 VLAN 信息

```
Switch#configure terminal
Switch (config) #hostname SW1                        ! 修改交换机名称
SW1 (config) #vlan 10                                ! 创建 vlan 10
SW1 (config-vlan) #name renshi                       ! 命名 vlan
SW1 (config-vlan) #exit
SW1 (config) #vlan 20                                ! 创建 vlan 20
SW1 (config-vlan) #name xiaoshou
SW1 (config-vlan) #exit
SW1 (config) #vlan 30                                ! 创建 vlan 30
SW1 (config-vlan) #name jishu
SW1 (config-vlan) #exit
SW1 (config) #interface range F0/1-8                 ! 将 1～8 号端口划分至 vlan10 中
SW1 (config-if-range) # switchport access vlan 10
SW1 (config-if-range) #exit
SW1 (config) #interface range F0/9-16                ! 将 9～16 号端口划分至 vlan20 中
SW1 (config-if-range) # switchport access vlan 20
SW1 (config-if-range) #exit
SW1 (config) #interface range F0/17-23               ! 将 17～23 号端口划分至 vlan30 中
SW1 (config-if-range) # switchport access vlan 30
SW1 (config-if-range) #exit
SW1 (config) #interface F0/24
SW1 (config-if) # switchport mode trunk              ! 将与路由器连接端口设置为干道端口
```

二、使用 show vlan 命令查看 VLAN 配置信息

```
SW1#show vlan

VLAN Name                                  Status   Ports
-------------------------------------------------------------------
1    default                               active   Fa0/24, Gig0/1, Gig0/2
```

```
10  renshi                                  active  Fa0/1, Fa0/2, Fa0/3, Fa0/4
                                                    Fa0/5, Fa0/6, Fa0/7, Fa0/8
20  xiaoshou                                active  Fa0/9, Fa0/10, Fa0/11, Fa0/12
                                                    Fa0/13, Fa0/14, Fa0/15, Fa0/16
30  jishu                                   active  Fa0/17, Fa0/18, Fa0/19, Fa0/20
                                                    Fa0/21, Fa0/22, Fa0/23
```

三、在路由器上配置单臂路由

```
Router#configure terminal
Router (config) #hostname R1                                  ! 修改路由器名称
R1 (config) #int F0/1
R1 (config-if) #no shutdown
R1 (config-if) #exit

R1 (config) #int F0/1.1                                       ! 进入路由器子接口 1
R1 (config-subif) #encapsulation dot1Q 10                     ! 在子接口上封装 802.1Q 协
                                                                议，并对应相应的 VLAN
R1 (config-subif) #ip address 192.168.10.254 255.255.255.0
R1 (config-subif) #exit                                       ! 配置网关地址

R1 (config) #int F0/1.2
R1 (config-subif) #encapsulation dot1Q 20
R1 (config-subif) #ip address 192.168.20.254 255.255.255.0
R1 (config-subif) #exit

R1 (config) #int F0/1.3
R1 (config-subif) #encapsulation dot1Q 30
R1 (config-subif) #ip address 192.168.30.254 255.255.255.0
```

四、配置设备 IP 地址

根据拓扑结构图中的 IP 地址规划，在相应的设备中配置 IP 地址、子网掩码、网关等信息。图 4-2-2 所示为配置 PC1 的 IP 地址等信息，其他终端设备按表 4-2-1 进行配置。

五、验证配置

如图 4-2-3 所示，在 PC1 上使用 ping 命令分别测试 PC1 与 PC2、PC3 的连通性，测试通过，单臂路由功能配置成功。

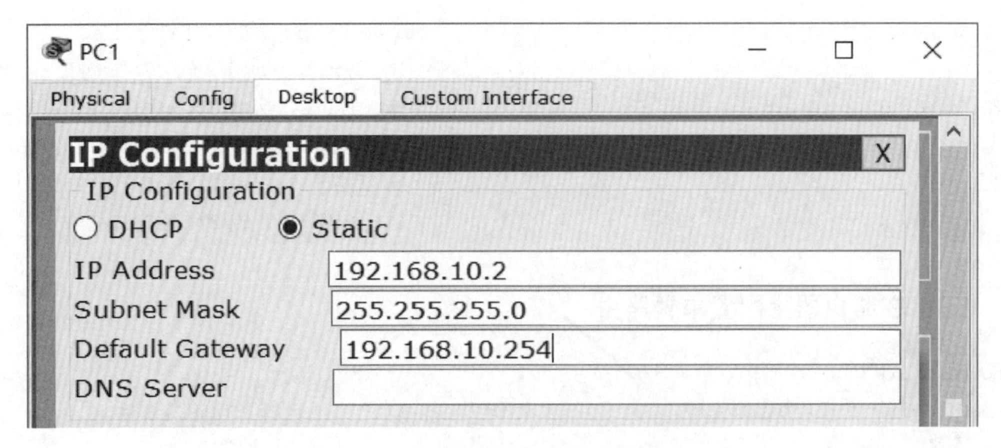

图 4-2-2　配置 PC1 的 IP 地址等信息

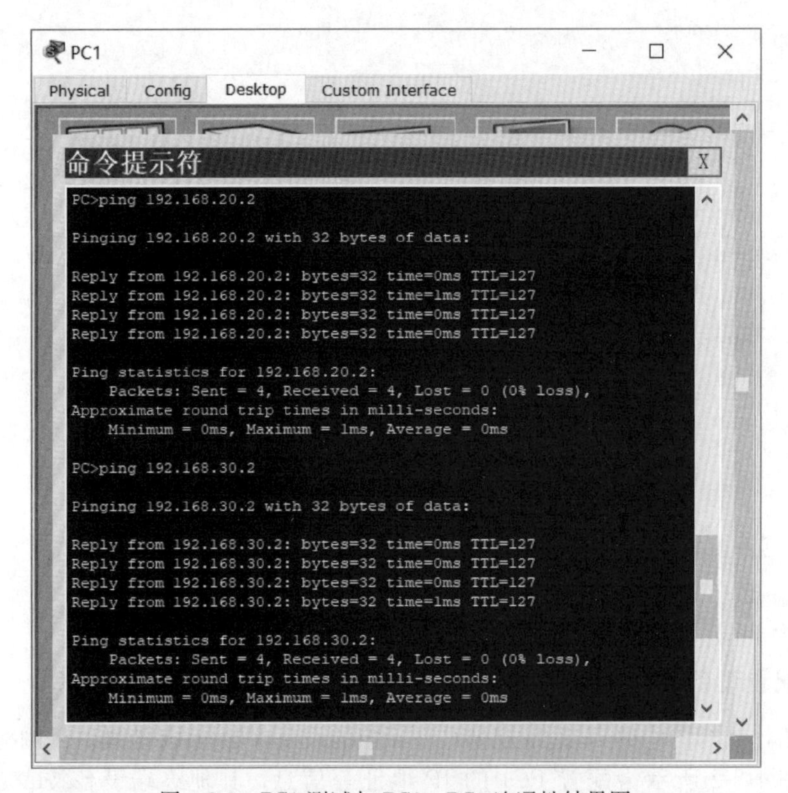

图 4-2-3　PC1 测试与 PC2、PC3 连通性结果图

【任务小结】

1. 路由器上的物理接口开启或关闭后，子接口也相应的开启或关闭，不需要单独开启或关闭子接口。

2. 在路由器子接口上配置 IP 地址前应封装 802.1Q 协议，并指向相应的 VLAN。

3. 单臂路由技术适用于中小型规模的网络中，在大型规模的网络中主要采用三层交换技术来实现 VLAN 间的通信。

【拓展练习】

小王所在的公司局域网拓扑图如图 4-2-4 所示，根据网络规划，分别创建不同的 VLAN 用于各个部门或设备间的安全隔离，公司要求小王通过设置路由器的单臂路由，使得三个部门的设备都能访问公司的 FTP 服务器，见表 4-2-2。

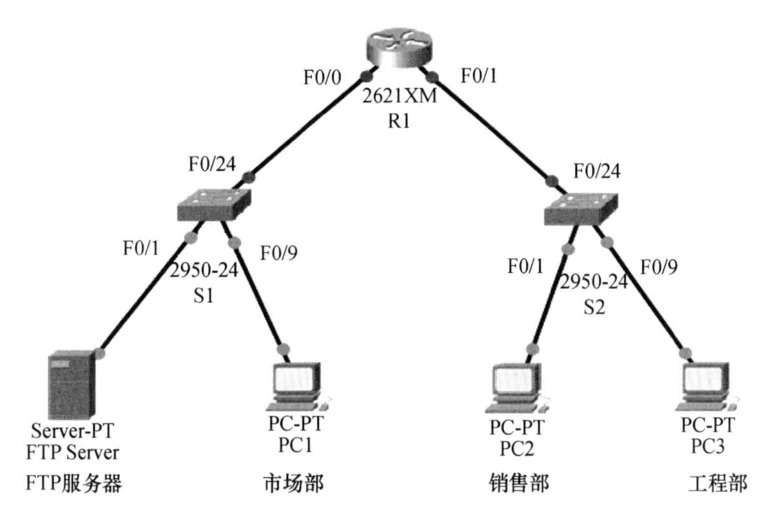

图 4-2-4　小王所在公司网络拓扑图

表 4-2-2　小王所在公司网络地址规划

设备名称	所属 VLAN	IP 地址	默认网关
PC1	vlan10	172.16.10.1/24	172.16.10.254
PC2	vlan20	172.16.20.2/24	172.16.20.254
PC3	vlan30	172.16.30.3/24	172.16.30.254
FTP 服务器	vlan40	172.16.40.4/24	172.16.40.254

练 习 题

一、单选题

1. 以下修改路由器名字为 RA 正确的是（　　）。

A. Router（config）＃name RA

B. Router＃name RA

C. Router（config）＃hostname RA

D. Router（config）＃enablepassword RA

2. 启用路由器子接口的是（　　）。

A. Router（config）＃ interface F0/1

B. Router（config）＃ interface F0/0.1

C. Router（config）＃ interface F0/0

D. Router＃ interface F0/0.1

3. 输入命令“Router＞enable”后，路由器将会进入（　　）。

A. 用户模式　　B. 特权模式

C. 全局模式　　D. 端口配置模式

4. 路由器与 PC 之间的连接采用（　　）。

A. 交叉线　　B. 直通线

C. 大对数线　　D. 以上都不正确

5. 以下在子接口上封装 dot1Q（IEEE802.1Q）协议，正确的是（　　）。

A. Router（config-if）＃encapsulation dot1Q 10

B. Router（config）＃encapsulation dot1Q 10

C. Router＃encapsulation dot1Q 10

D. Router（config-subif）＃encapsulation dot1Q 10

二、判断题

1. 路由器必须要通过交换机才能连接 PC。（　　）

2. 路由器上的端口可以划分为多个逻辑子端口，可以用来配置网关地址。（　　）

项目五　广域网协议

任务一　配置 HDLC 协议

【任务描述】

蓝天公司新成立了一个分公司，两个公司分别与网络中心路由器相连，现为了保证总公司和分公司能够实现网络互联，需要封装相应的广域网协议。

蓝天公司网络拓扑图如图 5-1-1 所示，网络地址规划如表 5-1-1 所示。

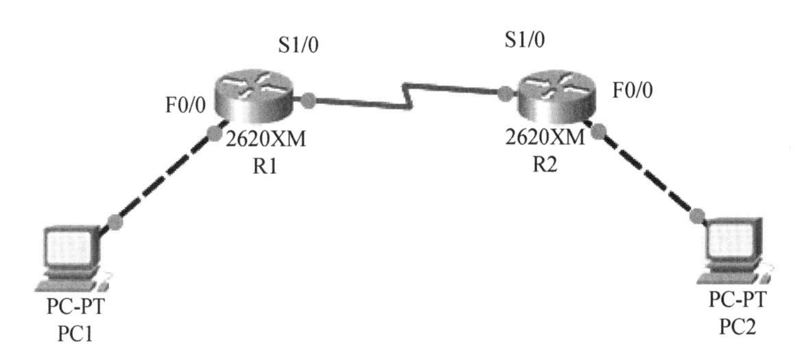

图 5-1-1　网络拓扑图

表 5-1-1　路由器接口网络地址规划表

设备		接口地址	网关	备注
R1	F0/0	172.16.10.254/24	\	公司总部办公网接口
	S1/0	200.199.198.10/24	DCE	互联网接口
R2	F0/0	192.168.10.254/24	\	公司分部办公网接口
	S1/0	200.199.198.20/24	DTE	互联网接口
PC1	\	172.16.10.2/24	172.16.10.254/24	公司总部办公网设备
PC2	\	192.168.10.2/24	192.168.10.254/24	公司分部办公网设备

【知识准备】

一、HDLC 协议的知识

高级数据链路控制 HDLC（High-level Data Link Control），它是一个面向比特的数据链路层的协议。HDLC 协议执行过程为先由一方初始化数据链路，接下来双方交换数据和控制信息，最后由一方发起终止数据链路的操作。

二、HDLC 协议配置命令

```
hostname 名字                                       ! 配置当前路由器的名字
enable secret 密码                                  ! 配置当前路由器的口令
username 对方路由器的名字 password 对端路由器密码
                                                    ! 在当前路由器上记录对端路由器名字和口令
encapsulation [HDLC]                                ! 封装协议
show interface 串口名称                             ! 查看路由器端口封装协议
```

【任务实施】

一、路由器的配置及封装

1. 设置公司总部路由器

```
Router #
Router1>enable
Router1#configure terminal
Router1 (config) hostname R1
R1 (config) #interface FastEthernet0/0                 ! 配置 F0/0 的 IP 参数
R1 (config-if) #ip address 172.16.10.254 255.255.255.0
R1 (config-if) #no shutdown
R1 (config-if) #exit
R1 (config) #interface Serial1/0                       ! 配置 s1/0 的 IP 参数
R1 (config-if) #clock rate 64000                       ! 配置时钟频率
R1 (config-if) #ip address 200.199.198.1 255.255.255.0
R1 (config-if) #no shutdown
R1 (config-if) #end
```

2. 设置公司分部路由器

```
Router2>enable
Router2#configure terminal
Router2 (config) hostname R2
R2 (config) #interface FastEthernet0/0                 ! 配置 F0/0 的 IP 参数
R2 (config-if) #ip address 192.168.10.254 255.255.255.0
R2 (config-if) #no shutdown
R2 (config-if) #exit
R2 (config) #interface Serial1/0                       ! 配置 s1/0 的 IP 参数
R2 (config-if) #ip address 200.199.198.1 255.255.255.0
R2 (config-if) #no shutdown
R2 (config-if) #exit
R2 (config) #end
```

3. 设置公司总部路由器的静态路由

```
R1#configure terminal
R1 (config) #ip route 192.168.10.0 255.255.255.0 200.199.198.20
```

4. 设置公司分部路由器的静态路由

```
R2#configure terminal
R2 (config) #ip route 172.16.10.0 255.255.255.0 200.199.198.10
```

使用“show ip route”命令查看路由表信息，以公司总部的路由器为例，有如下显示：

```
R1#show ip route
Codes: C-connected, S-static, I-IGRP, R-RIP, M-mobile, B-BGP
D-EIGRP, EX-EIGRP external, O-OSPF, IA-OSPF inter area
N1-OSPF NSSA external type 1, N2-OSPF NSSA external type 2
E1-OSPF external type 1, E2-OSPF external type 2, E-EGP
i-IS-IS, L1-IS-IS level-1, L2-IS-IS level-2, ia-IS-IS inter area
*-candidate default, U-per-user static route, o-ODR
P-periodic downloaded static route
Gateway of last resort is not set
172.16.0.0/24 is subnetted, 1 subnets
C 172.16.10.0 is directly connected, FastEthernet0/0
S 192.168.10.0/24 [1/0] via 200.199.198.20
C 200.199.198.0/24 is directly connected, Serial1/0      172.16.0.0/24 is subnetted, 1 subnets
is directly connected, Serial1/0
```

5. 在路由器上封装 HDLC 协议

```
R1>enable
R1#configure terminal
R1 (config) #interface serial 1/0
R1 (config-if) #encapsulation hdlc                    ! 封装 HDLC 协议
R1 (config-if) #end
```

```
R2>enable
R2#configure terminal
R2 (config) #interface serial 1/0
R2 (config-if) #encapsulation hdlc                    ! 封装 HDLC 协议
R2 (config-if) #end
```

二、测试验证

1. 使用“show interfaces ＋ 串口名称”命令查看当前串口的封装协议。

```
R1 # show interfaces serial 1/0
Serial1/0 is up, line protocol is up (connected)
Hardware is HD64570
Internet address is 200.199.198.10/24                        ! 串口 IP 地址
MTU 1500 bytes, BW 128 Kbit, DLY 20000 usec,
reliability 255/255, txload 1/255, rxload 1/255
Encapsulation HDLC, loopback not set, keepalive set (10 sec)
                                                             ! 串口封装为 HDLC 协议
Last input never, output never, output hang never
Last clearing of " show interface" counters never
...
```

2. 测试网络连通情况

配置 PC1、PC2 的 IP 地址等信息，如图 5-1-2、图 5-1-3 所示。

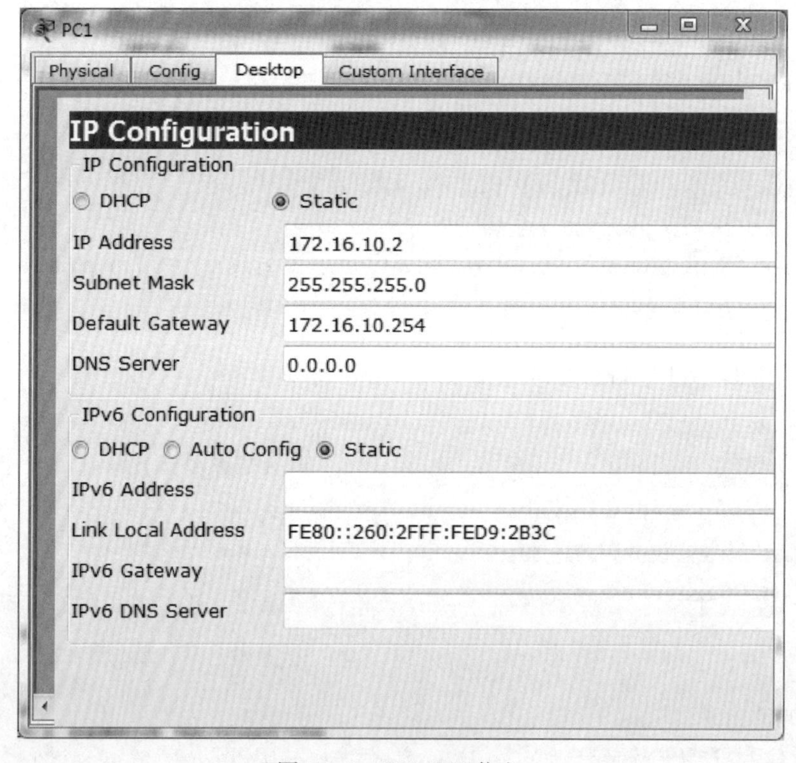

图 5-1-2　PC1 配置信息

使用 ping 命令测试与公司分部 PC 网络连通情况，如图 5-1-4、图 5-1-5 所示。

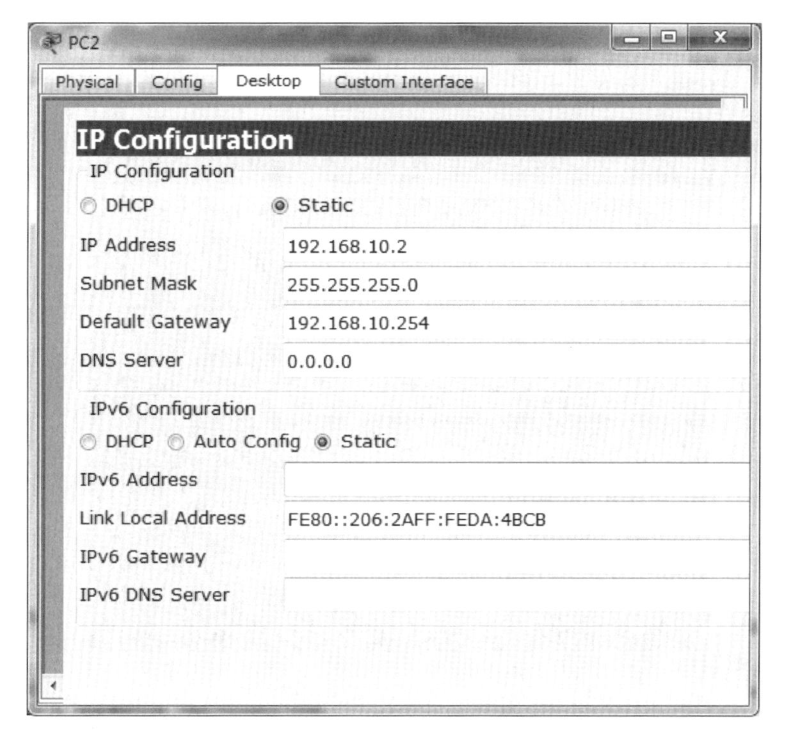

图 5-1-3　PC2 配置信息

图 5-1-4　PC2 测试结果

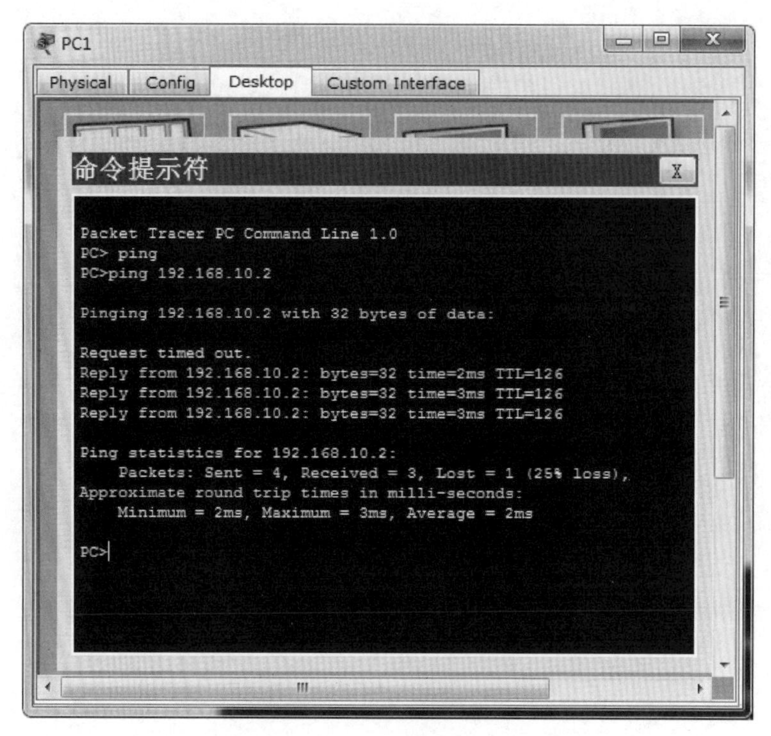

图 5-1-5　PC1 测试结果

【任务小结】

1. HDLC 只支持点到点的连接及工作于同步方式。
2. HDLC 协议不支持验证，缺乏安全性。

任务二　配置 PPP 协议

扫码观看
任务视频

【任务描述】

蓝天公司为了增加总公司与分公司信息系统传输的安全性，需要在路由器之间做 PPP 协议封装，并配置相应的验证方式。

蓝天公司网络拓扑图如图 5-2-1 所示，网络地址规划如表 5-2-1 所示。

表 5-2-1　路由器接口网络地址规划

设备		接口地址	网关	备注
R1	F0/0	172.16.10.254/24	\	公司总部办公网接口
	S1/0	200.199.198.10/24	DCE	互联网接口
R2	F0/0	192.168.10.254/24	\	公司分部办公网接口
	S1/0	200.199.198.20/24	DTE	互联网接口
PC1	\	172.16.10.2/24	172.16.10.254/24	公司总部办公网设备
PC2	\	192.168.10.2/24	192.168.10.254/24	公司分部办公网设备

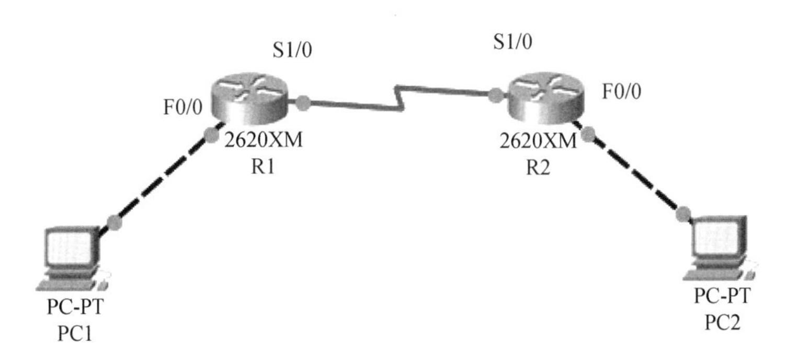

图 5-2-1　网络拓扑图

【知识准备】

1. 点到点协议（Point to Point Protocol，PPP）是一种面向位的协议，用于同步或异步串行线路的协议，支持专线与拨号连接。PPP 封装的串行线路支持 CHAP 和 PAP 安全性验证。

2. PPP 是在点到点链路上传输数据报的一种方法；属于数据链路层协议，是广域网连接中数据链路层协议里用得最多的一个协议。它可以支持同/异步线路。PPP 适用于不同特性串行系统，可传输多种网络层协议数据，实现两个对等实体间对多个网络层协议包的封装和传输。是一种用于连接各种类型的主机、网桥和路由器的通用方法，为多个应用环境提供优质的广域网连接而提供一个通用的解决方案。

【任务实施】

一、路由器的配置及封装

1. 设置公司总部路由器

```
Router #
Router1>enable
Router1#configure terminal
Router1 (config) hostname R1
R1 (config) #interface FastEthernet0/0                    ! 配置 F0/0 的 IP 参数
R1 (config-if) #ip address 172.16.10.254 255.255.255.0
R1 (config-if) #no shutdown
R1 (config-if) #exit
R1 (config) #interface Serial1/0                          ! 配置 s1/0 的 IP 参数
R1 (config-if) #clock rate 64000                          ! 配置时钟频率
R1 (config-if) #ip address 200.199.198.1 255.255.255.0
R1 (config-if) #no shutdown
R1 (config-if) #end
```

2. 设置公司分部路由器

```
Router2>enable
Router2#configure terminal
Router2 (config) hostname R2
R2 (config) #interface FastEthernet0/0                    ! 配置 F0/0 的 IP 参数
R2 (config-if) #ip address 192.168.10.254 255.255.255.0
R2 (config-if) #no shutdown
R2 (config-if) #exit
R2 (config) #interface Serial1/0                          ! 配置 s1/0 的 IP 参数
R2 (config-if) #ip address 200.199.198.1 255.255.255.0
R2 (config-if) #no shutdown
R2 (config-if) #exit
R2 (config) #end
```

3. 设置公司总部路由器的静态路由

```
R1#configure terminal
R1 (config) #ip route 192.168.10.0 255.255.255.0 200.199.198.20
```

4. 设置公司分部路由器的动态路由

```
R2#configure terminal
R2 (config) #ip route 172.16.10.0 255.255.255.0 200.199.198.10
```

成功配置网络后，使用“show ip route”命令查看路由表信息，以公司总部的路由器为例，有如下显示：

```
R1#show ip route
Codes: C-connected, S-static, I-IGRP, R-RIP, M-mobile, B-BGP
D-EIGRP, EX-EIGRP external, O-OSPF, IA-OSPF inter area
N1-OSPF NSSA external type 1, N2-OSPF NSSA external type 2
E1-OSPF external type 1, E2-OSPF external type 2, E-EGP
i-IS-IS, L1-IS-IS level-1, L2-IS-IS level-2, ia-IS-IS inter area
*-candidate default, U-per-user static route, o-ODR
P-periodic downloaded static route
Gateway of last resort is not set
172.16.0.0/24 is subnetted, 1 subnets
C 172.16.10.0 is directly connected, FastEthernet0/0
S 192.168.10.0/24 [1/0] via 200.199.198.20
C 200.199.198.0/24 is directly connected, Serial1/0   172.16.0.0/24 is subnetted, 1 subnets
```

5. 设置接口封装为 PPP 协议。

```
R1>enable
R1#configure terminal
R1 (config) #interface serial 1/0
R1 (config-if) #encapsulation ppp                          ! 封装 PPP 协议
R1 (config-if) #end
```

```
R2>enable
R2#configure terminal
R2 (config) #interface serial 1/0
R2 (config-if) #encapsulation ppp                          ! 封装 PPP 协议
R2 (config-if) #end
```

二、测试验证

1. 使用“show interfaces +串口名称”命令查看当前串口的协议

```
R1#show interfaces serial 1/0
Serial1/0 is up, line protocol is down (disabled)
Hardware is HD64570
Internet address is 200.199.198.10/24
MTU 1500 bytes, BW 128 Kbit, DLY 20000 usec,
reliability 255/255, txload 1/255, rxload 1/255
Encapsulation PPP, loopback not set, keepalive set (10 sec)     ! 显示串口封装为 PPP 协议
LCP Closed
Closed: LEXCP, BRIDGECP, IPCP, CCP, CDPCP, LLC2, BACP
...
```

2. 使用“ping”命令再次测试网络连通情况

```
R1＃ping 172.16.10.2
Type escape sequence to abort.
Sending 5, 100-byte ICMP Echos to 172.16.10.2, timeout is 2 seconds:
   !!!!!
Success rate is 100 percent (5/5), round-trip min/avg/max = 0/0/3 ms
```

【任务小结】

1. PPP 是目前使用最广泛的点对点协议。
2. PPP 封装方式和 HDLC 一样。

任务三　PPP 协议 CHAP 验证

【任务描述】

蓝天公司为了增加总公司与分公司信息系统传输的安全性，需要在路由器之间做 PPP 协议封装，并配置 CHAP 验证方式。

蓝天公司网络拓扑图如图 5-2-1 所示，网络地址规划如表 5-2-1 所示。

【知识准备】

一、CHAP 相关知识

1. CHAP（Challenge Handshake Authentication Protocol，质询握手鉴定协议）是一种三次握手验证协议，它只在网络上传输用户名，而用户口令并不在网络上传播。

2. CHAP 验证方式为：由验证方主动发起验证请求，向被验证方发送一些随机产生的报文，同时附带本端配置的用户名一起发送给被验证方。被验证方接到验证方的验证请求后，根据此报文中的用户名在本端的用户表中查找用户口令。其安全性较 PAP 方式更高。

二、配置 CHAP 认证

1. 认证方配置命令

```
Router (config) #username  用户名  password  密码
Router (config) #interface   串行口
Router (config-if) #encapsulation  ppp
Router (config-if) #ppp  authenticationchap
```

2. 被认证方配置命令

```
Router (config) #interface  串行口
Router (config-if) #encapsulation ppp
Router (config-if) #pppchaphostname 用户名
Router (config-if) #pppchap password 密码
```

【任务实施】

一、路由器的配置及账户建立

1. 封装带 CHAP 认证的 PPP。需要注意的是，在配置 CHAP 时，路由器的密码必须要用特权用户的密码。

2. 配置公司总部路由器，并为公司分部验证方建立账户 R2，验证密码为 cisco。

```
R1#configure terminal
R1 (config) #enable secret cisco
```

```
R1 (config) #username R2 password cisco
R1 (config) #interface serial 1/0
R1 (config-if) #encapsulation ppp                    ! 配置 PPP 封装
R1 (config-if) #ppp authentication chap              ! 配置 CHAP 验证方式
R1 (config-if) #end
```

3. 配置公司分部路由器，并为公司总部验证方建立账户 R1，验证密码为 cisco。

```
R2#configure terminal
R2 (config) #enable secret cisco
R2 (config) #username R1 password cisco
R2 (config) #interface serial 1/0
R2 (config-if) #encapsulation ppp                    ! 配置 PPP 封装
R2 (config-if) #end
```

二、测试验证

1. 使用“show interfaces +接口名称”命令查看广域网接口的封装类型

```
R1#show interfaces serial 1/0
Serial1/0 is up, line protocol is up (connected)
Hardware is HD64570
Internet address is 200.199.198.10/24
MTU 1500 bytes, BW 128 Kbit, DLY 20000 usec,
reliability 255/255, txload 1/255, rxload 1/255
Encapsulation PPP, loopback not set, keepalive set (10 sec)
LCP Open
Open: IPCP, CDPCP
...
```

2. 在 R1 及 R2 上使用 ping 命令查看测试网络连通性

```
R1#ping 192.168.10.2
Type escape sequence to abort.
Sending 5, 100-byte ICMP Echos to 192.168.10.2, timeout is 2 seconds:
!!!!!
Success rate is 100 percent (5/5), round-trip min/avg/max = 1/6/18 ms
```

```
R2#ping 172.16.10.2
Type escape sequence to abort.
Sending 5, 100-byte ICMP Echos to 172.16.10.2, timeout is 2 seconds:
!!!!!
Success rate is 100 percent (5/5), round-trip min/avg/max = 1/4/18 ms
```

任务四　PPP 协议 PAP 验证

扫码观看
任务视频

【任务描述】

蓝天公司为了增加总公司与分公司信息系统传输的安全性，需要在路由器之间做 PPP 协议封装，并配置 PAP 验证方式。

蓝天公司网络拓扑图如图 5-2-1 所示，网络地址规划如表 5-2-1 所示。

【知识准备】

一、PAP 相关知识

1. PAP（Password Authentication Protocol 密码认证协议）是 PPP 协议集中的一种链路控制协议，通过两次握手建立认证，对等节点持续重复发送 ID/ 密码（明文）给验证者，直至认证得到响应或连接终止，常见于 PPPOE 拨号环境中。

2. PAP 认证原理

首先被认证方向认证方发送认证请求（包含用户名和密码），以明文形式进行传输，认证方接到认证请求，再根据被认证方发送来的用户名去数据库认证用户名密码是否正确，如果密码正确，PAP 认证通过，如果用户名密码错误，PAP 认证未通过。

二、配置 PAP 认证

1. 认证方配置命令

```
Router (config) #username  用户名  password  密码
Router (config) #interface 串行接口
Router (config-if) #encapsulation ppp
Router (config-if) #ppp authentication pap
```

2. 配置被认证方

```
Router (config) #interface 串行接口
Router (config-if) #encapsulation ppp
Router (config-if) #ppp pap sent-username 用户名 password 密码
```

需要注意的是认证方和被认证方双方的用户名和密码必须保持一致。

【任务实施】

一、路由器设置及建立验证账户

1. 设置公司总部路由器为验证方，并为被验证方设置账户 R2，验证密码为 123456。

```
R1#configure terminal
R1 (config) #interface serial 1/0
```

```
R1 (config-if) #encapsulation ppp                                    ! 配置 PPP 封装
R1 (config-if) #ppp authentication pap                               ! 配置 PAP 验证方式
R1 (config-if) #exit
R1 (config) #username R2 password 123456                             ! 设置验证方及验证密码
R1 (config) #end
```

2. 设置公司分部为被验证方，并发送验证账户（R2）和加密（0）密码（123456），实现握手。

```
R2#configure terminal
R2 (config) #interface serial 1/0
R2 (config-if) #encapsulation ppp                               ! 配置 PPP 封装
R2 (config-if) #ppp pap sent-username R2 password 0 123456
                                                                ! 设置被验证方及验证密码
R2 (config-if) #end
```

二、验证测试

1. 使用“show interfaces +串口名称”方式查看广域网接口的封装类型。

```
R1#show interfaces serial 1/0
Serial1/0 is up, line protocol is up (connected)
Hardware is HD64570
Internet address is 200.199.198.10/24
MTU 1500 bytes, BW 128 Kbit, DLY 20000 usec,
reliability 255/255, txload 1/255, rxload 1/255
Encapsulation PPP, loopback not set, keepalive set (10 sec)
LCP Open
Open: IPCP, CDPCP
…
```

2. 在 R1 及 R2 上使用 ping 命令测试网络连通情况。

```
R1#ping 192.168.10.2
Type escape sequence to abort.
Sending 5, 100-byte ICMP Echos to 192.168.10.2, timeout is 2 seconds:
!!!!!
Success rate is 100 percent (5/5), round-trip min/avg/max = 1/10/39 ms
```

```
R2#ping 172.16.10.2
Type escape sequence to abort.
Sending 5, 100-byte ICMP Echos to 172.16.10.2, timeout is 2 seconds:
!!!!!
Success rate is 100 percent (5/5), round-trip min/avg/max = 1/3/13 ms
```

【任务小结】

1. 封装广域网协议时，需要路由器两端都要进行封装。
2. 配置验证时，要注意设备名称和密码的设置。

【拓展练习】

某公司有一个深圳总公司，上海分公司和杭州分公司，其网络拓扑图如图 5-4-1 所示，网络地址规划见表 5-4-1。

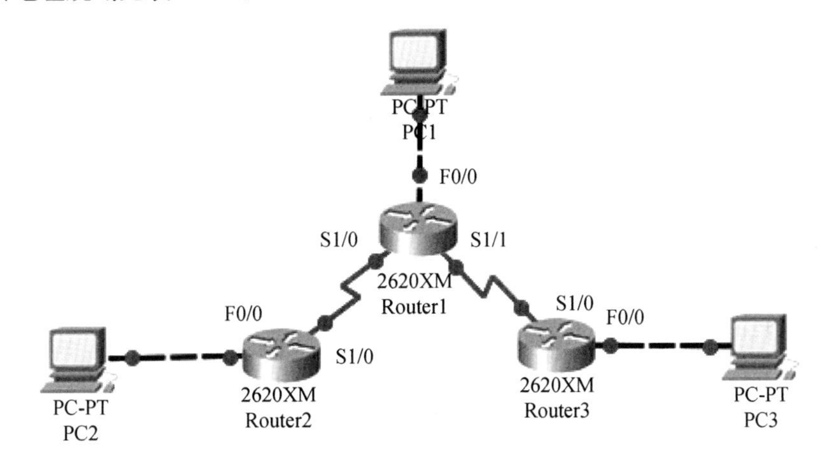

图 5-4-1　某公司网络拓扑图

表 5-4-1　某公司网络地址规划

设备名称	接口	接口地址	IP 地址	默认网关
PC1	/		172.16.10.2/24	172.16.10.1
PC2	/		192.168.10.2/24	192.168.10.1
PC3	/		10.0.10.2/24	10.0.10.1
R1	F0/1	172.16.10.1	\	
	S1/0	200.199.198.10	\	
	S1/1	200.199.198.13	\	
R2	F0/0	192.168.10.1	\	
	S1/0	200.199.198.11	\	
R3	F0/0	10.0.10.1	\	
	S1/0	200.199.198.14	\	

1. 按照表 5-4-1 将总公司及分公司直接的网络进行配置并测试连通性。
2. 配置各个公司之间的传输协议为 PPP 协议。
3. 为了确保各个公司之间传输信息的安全性，配置 PAP 验证方式。

练习题

1. 以下哪个不是广域网协议？（　　）

A. PPP　　B. HDLC　　C. X.25　　D. CHAP

2. HDLC 是一种面向（　　）链路层协议。

A. 字符　　B. 比特　　C. 信元　　D. 数据包

3. 以下封装协议使用 CHAP 或者 PAP 验证方式的是（　　）。

A. HDLC　　B. PPP　　C. SDLC　　D. SLIP

4. （　　）为两次握手协议，它通过在网络上以明文的方式传递用户名及口令来对用户进行验证。

A. PAP　　B. IPCP　　C. CHAP　　D. RADIUS

5. 下列有关广域网的叙述中，正确的是（　　）。

A. 广域网必须使用拨号接入

B. 广域网必须使用专用的物理通信线路

C. 广域网必须进行路由选择

D. 广域网都按广播方式进行数据通信

6. 在 PPP 验证中，（　　）采用明文形式传送用户名和口令。

A. PAP　　B. CHAP　　C. EAP　　D. HASH

7. Router（config-if）＃ppp authentication chap pap，命令配置了什么内容？（　　）

A. 将始终使用 CHAP 身份验证

B. 使用 CHAP 或 PAP，基于安全性进行随机选择

C. 将使用 CHAP 身份验证，除非远程路由器要求使用 PAP

D. 如果无法使用 CHAP 身份验证，则将尝试使用 PAP 身份验证

项目六　路由协议

任务一　静态路由

扫码观看
任务视频

【任务描述】

蓝天公司内部局域网通过路由器连入互联网，考虑到公司内部信息点较少，规模较小，需要管理员在路由器上配置静态路由，实现公司网络的互通。

蓝天公司网络拓扑图如图 6-1-1 所示，网络地址规划如表 6-1-1 所示。

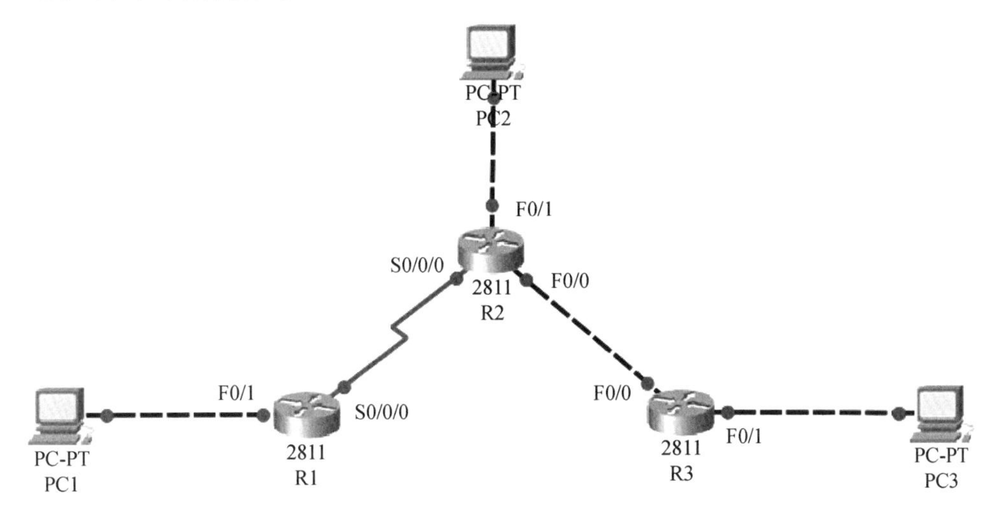

图 6-1-1　蓝天公司网络拓扑图

表 6-1-1　蓝天公司网络地址规划

设备名称	接口	接口地址	IP 地址	默认网关
PC1	\		192.168.10.2/24	192.168.10.1
PC2	\		192.168.20.2/24	192.168.20.1
PC3	\		192.168.30.2/24	192.168.30.1
R1	F0/1	192.168.10.1	\	
	S0/0/0	10.1.1.1	\	

续表

设备名称	接口	接口地址	IP 地址	默认网关
R2	F0/0	10.1.2.1/24	\	
	F0/1	192.168.20.1/24	\	
	S0/0/0	10.1.1.2/24	\	
R3	F0/0	10.1.2.2/24	\	
	F0/1	192.168.30.1/24	\	

【知识准备】

一、静态路由的原理

静态路由是由网络管理员在路由器中手工配置的固定路由，将路由器上不直连的网段信息（网络号、子网掩码、下一跳地址）添加到路由表中，实现数据包的转发。静态路由的安全性较高，但是缺乏灵活性，当网络结构发生变化时，需要网络管理员手动添加相应的路由信息，适用于规模较小、拓扑结构相对固定的网络中。

二、静态路由配置方法

静态路由的配置命令格式：

ip route [目的网段] [子网掩码] [下一跳地址或接口]

示例：Router（config）#ip route 192.168.2.0 255.255.255.0 192.168.1.1

也可以写成：Router（config）#ip route 192.168.2.0 255.255.255.0 F0/1

【任务实施】

一、配置各个路由器

1. 配置路由器 R1。

```
Router>en
Router#configure terminal
Router（config）#hostname R1                              ！修改路由器名称
R1（config）#int F0/1                                     ！配置 F0/1 的 IP 参数
R1（config-if）#ip address 192.168.10.1 255.255.255.0
R1（config-if）#no shutdown

R1（config-if）#exit
R1（config）#int s0/0/0                                   ！配置 S0/0/0 的 IP 参数
R1（config-if）#ip address 10.1.1.1 255.255.255.0
R1（config-if）#encapsulation ppp                         ！封装 PPP 协议
R1（config-if）#clock rate 64000                          ！配置时钟频率
R1（config-if）#no shutdown
R1（config-if）#exit
```

2. 配置路由器 R2。

```
Router>en
Router#conf t
Router (config) #hostname R2                              ! 修改路由器名称
R2 (config) #int F0/0                                     ! 配置 F0/0 的 IP 参数
R2 (config-if) #ip add 10.1.2.1 255.255.255.0
R2 (config-if) #no shutdown
R2 (config-if) #exit

R2 (config) #int F0/1                                     ! 配置 F0/1 的 IP 参数
R2 (config-if) #ip add 192.168.20.1 255.255.255.0
R2 (config-if) #no shutdown
R2 (config-if) #exit

R2 (config) #int s0/0/0                                   ! 配置 S0/0/0 的 IP 参数
R2 (config-if) #ip add 10.1.1.2 255.255.255.0
R2 (config-if) #encapsulation ppp                         ! 封装 PPP 协议
R2 (config-if) #no shutdown
R2 (config-if) #exit
```

3. 配置路由器 R3。

```
Router>en
Router#conf t
Router (config) #hostname R3                              ! 修改路由器名称
R3 (config) #int F0/0                                     ! 配置 F0/1 的 IP 参数
R3 (config-if) #ip add 10.1.2.2 255.255.255.0
R3 (config-if) #no shutdown
R3 (config-if) #exit

R3 (config) #int F0/1                                     ! 配置 F0/1 的 IP 参数
R3 (config-if) #ip add 192.168.30.1 255.255.255.0
R3 (config-if) #no shutdown
R3 (config-if) #exit
```

4. 三个路由器配置完成后，此时所有设备接口均变为绿灯状态，但是设备之间是不能 ping 通的，需要配置静态路由来实现设备间互通。

5. 分别在路由器上配置静态路由，实现设备间互相通信。

在 R1 中，不直连的网段分别是 192.168.20.0、10.1.2.0 和 192.168.30.0 这三个网段，数据包从 R1 到达这三个网络需要通过 R2 的 S0/0/0 端口进行转发，即 S0/0/0 为静态路由的下一跳地址，所以在 R1 中配置静态路由的方法如下：

```
R1 (config) # ip route 192.168.20.0 255.255.255.0 10.1.1.2
R1 (config) # ip route 10.1.2.0 255.255.255.0 10.1.1.2
R1 (config) # ip route 192.168.30.0 255.255.255.0 10.1.1.2
```

在R2中，不直连的网段分别是192.168.10.0和192.168.30.0这两个网段，数据包从R2要到达这两个网络分别通过R1的S0/0/0端口和R3的F0/0端口进行转发，即这两个端口为静态路由的下一跳地址，所以在R2中配置静态路由的方法如下：

```
R2 (config) # ip route 192.168.10.0 255.255.255.0 10.1.1.1
R2 (config) # ip route 192.168.30.0 255.255.255.0 10.1.2.2
```

在R3中，不直连的网段分别是192.168.10.0、10.1.1.0和192.168.20.0这三个网段，数据包从R3到达这三个网络需要通过R2的F0/0端口进行转发，即F0/0为静态路由的下一跳地址，所以在R3中配置静态路由的方法如下：

```
R3 (config) # ip route 192.168.10.0 255.255.255.0 10.1.1.2
R3 (config) # ip route 10.1.1.0 255.255.255.0 10.1.1.2
R3 (config) # ip route 192.168.20.0 255.255.255.0 10.1.1.2
```

6. 静态路由配置完成后，分别在R1、R2、R3上使用show ip route命令查看路由表信息：

```
R1 # show ip route
Codes: C-connected, S-static, I-IGRP, R-RIP, M-mobile, B-BGP
       D-EIGRP, EX-EIGRP external, O-OSPF, IA-OSPF inter area
       N1-OSPF NSSA external type 1, N2-OSPF NSSA external type 2
       E1-OSPF external type 1, E2-OSPF external type 2, E-EGP
       i-IS-IS, L1-IS-IS level-1, L2-IS-IS level-2, ia-IS-IS inter area
       *-candidate default, U-per-user static route, o-ODR
       P-periodic downloaded static route

Gateway of last resort is not set

10.0.0.0/8 is variably subnetted, 3 subnets, 2 masks
C 10.1.1.0/24 is directly connected, Serial0/0/0                ! 直连网段
C 10.1.1.2/32 is directly connected, Serial0/0/0
S 10.1.2.0/24 [1/0] via 10.1.1.2                                ! 添加的静态路由网段
C 192.168.10.0/24 is directly connected, FastEthernet0/1        ! 直连网段
S 192.168.20.0/24 [1/0] via 10.1.1.2                            ! 添加的静态路由网段
S 192.168.30.0/24 [1/0] via 10.1.1.2                            ! 添加的静态路由网段
```

S即为路由表中添加的静态路由，R2、R3的路由表信息省略。

二、配置PC1、PC2、PC3的IP地址等信息

如图6-1-2所示，分别配置PC1、PC2、PC3的IP地址、子网掩码及默认网关。

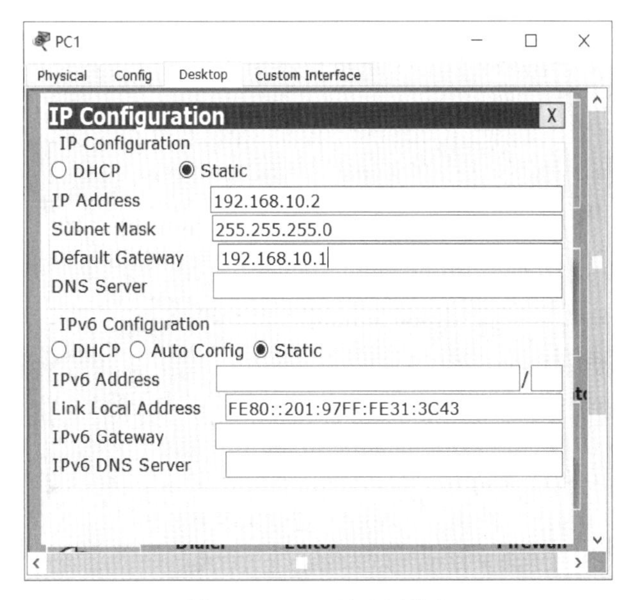

图 6-1-2　PC1 的配置信息

PC2、PC3 的配置信息省略。

三、验证配置信息

分别在 PC1、PC2、PC3 上使用 ping 命令测试设备间的连通性，如图 6-1-3 所示。

图 6-1-3　PC1 的测试结果

【拓展知识】

默认路由是一种特殊的静态路由，可以匹配所有的网段，但是其优先级最低。

默认路由的特点：当只有唯一的路径能够到达目标网络时，才可以配置默认路由。

如图 6-1-4 所示，该网络中仅有一条路径可到达其他网络，即可配置默认路由，以简化配置步骤。

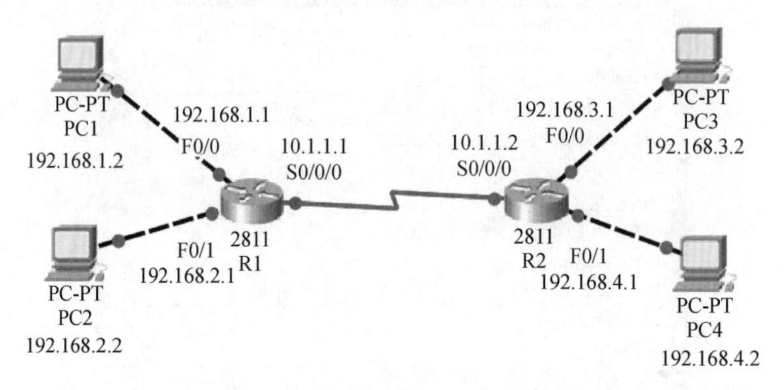

图 6-1-4　配置默认路由网络拓扑图

配置默认路由方法：

```
Router (config) # ip route 0.0.0.0 0.0.0.0 address
```

“0.0.0.0 0.0.0.0”表示任意网络，发往任何网络的数据包都会转发到命令指定的下一个路由器的接口地址。

address 表示到达目标网络经过的下一跳地址。

在上图网络中添加默认路由，实现网络互通：

```
R1 (config) # ip route 0.0.0.0 0.0.0.0 10.1.1.2
R2 (config) # ip route 0.0.0.0 0.0.0.0 10.1.1.1
```

【任务小结】

1. 静态路由适用于中小型规模的网络中，在大型复杂的网络中通常采用动态路由。
2. 配置静态路由时可选择带下一跳地址或端口两种方式。

【拓展练习】

某公司的网络拓扑如图 6-1-5 所示，网络地址规划如表 6-1-2 所示，现公司希望网络管理员通过配置静态路由来实现公司的主机能够互相访问，并能够顺利访问服务器。

表 6-1-2　某公司网络地址规划

设备名称	接口	接口地址	IP 地址	默认网关
PC1	\		172.16.10.1/24	172.16.10.254
PC2	\		172.16.20.2/24	172.16.20.254
Web Server	\		172.16.30.3/24	172.16.30.254

续表

设备名称	接口	接口地址	IP 地址	默认网关
FTP Server		\	172.16.40.4/24	172.16.40.254
R1	F0/0	172.16.100.1/24	\	
	F0/1	172.16.30.254/24	\	
	S0/0/0	10.1.10.1/24		
R2	F0/0	172.16.200.1/24	\	
	F0/1	172.16.40.254/24	\	
	S0/0/0	10.1.10.2/24	\	
R3	F0/0	172.16.100.2/24	\	
	F0/1	172.16.10.254/24	\	
R4	F0/0	172.16.200.2/24	\	
	F0/1	172.16.20.254/24	\	

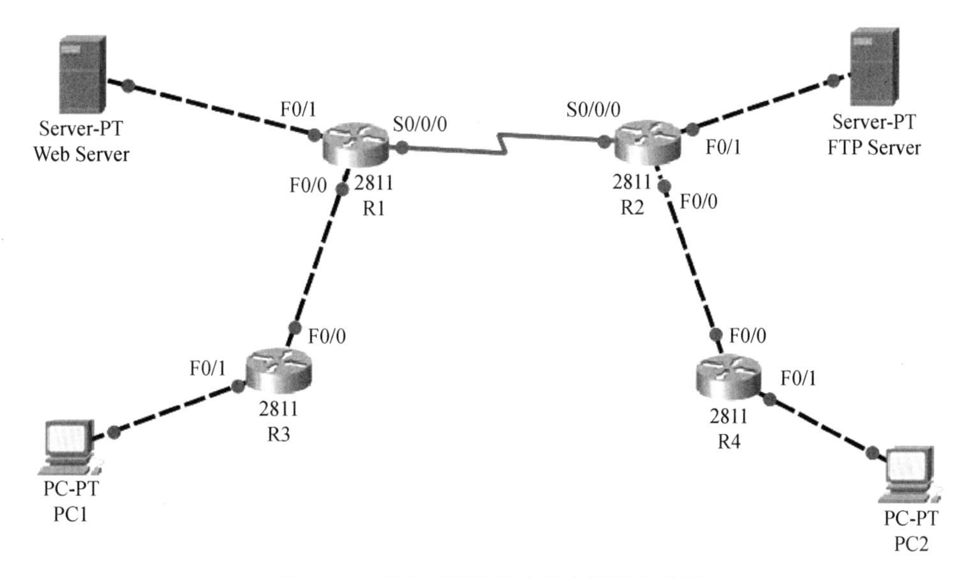

图 6-1-5　某公司配置静态路由网络拓扑图

任务二　RIP 动态路由

【任务描述】

蓝天公司通过路由器连入互联网，现需要在路由器上配置 RIPV2 动态路由，实现公司内部网络与广域网互连互通。

蓝天公司网络拓扑图如图 6-2-1 所示，网络地址规划如表 6-2-2 所示。

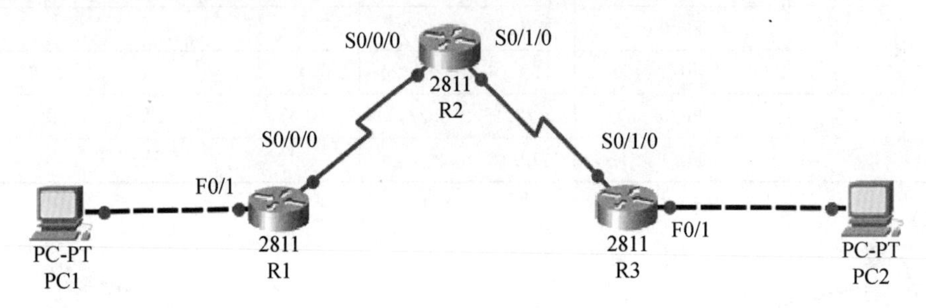

图 6-2-1　蓝天公司网络拓扑图

表 6-2-1　蓝天公司网络地址规划

设备名称	接口	接口地址	IP 地址	默认网关
PC1	\		192.168.10.2/24	192.168.10.1
PC2	\		192.168.20.2/24	192.168.20.1
R1	F0/1	192.168.10.1/24	\	
	S0/0/0	10.1.1.1/24	\	
R2	S0/0/0	10.1.1.2/24	\	
	S0/1/0	10.1.2.2/24	\	
R3	S0/1/0	10.1.2.1/24	\	
	F0/1	192.168.20.1/24	\	

【知识准备】

一、RIP 动态路由的原理

RIP（Routing Information Protocol）路由信息协议，是基于距离矢量的路由选择协议，通过跳数（metric）来选择路由，每经过一个路由器为 1 跳，最大值为 15 跳，即在路径上最多允许经过 15 个路由器，否则不可达。

RIP 协议主要有 2 个版本，即 RIPv1 和 RIPv2。RIPv1 和 RIPv2 的区别如表 6-2-2 所示。

表 6-2-2　RIPv1 和 RIPv2 的区别

RIPv1	RIPv2
有类路由协议（Classful）	无类路由协议（Classless）
路由更新不携带子网信息	路由更新携带子网信息
不支持 VLSM 和 CIDR	支持 VLSM 和 CIDR
不支持认证	支持明文和 MD5 认证
采用广播更新（255.255.255.255）	采用多播更新（224.0.0.9）
不可以关闭自动汇总	可以关闭自动汇总

二、RIP 动态路由配置方法

RIP 动态路由的配置命令格式：

```
Router (config) #router rip                              ! 启用 RIP 路由协议
Router (config-router) #version 1/2                      ! 版本号 1 或者 2
Router (config-router) #network network-address          ! 宣告该路由器直连网段
```

【任务实施】

一、配置各个路由器

1. 在 R1 上配置信息。

```
Router>en
Router#conf t
Router (config) #hostname R1                             ! 修改路由器名称
R1 (config) #int s0/0/0                                  ! 配置 S0/0/0 的 IP 参数
R1 (config-if) #ip add 10.1.1.1 255.255.255.0
R1 (config-if) #encapsulation ppp                        ! 封装 PPP 协议
R1 (config-if) #no shutdown                              ! 打开端口
R1 (config-if) #exit

R1 (config) #int F0/1                                    ! 配置 F0/1 的 IP 参数
R1 (config-if) #ip add 192.168.10.1 255.255.255.0
R1 (config-if) #no shutdown                              ! 打开端口
```

2. 在 R2 上配置信息。

```
Router>en
Router#conf t
Router (config) #hostname R2
R2 (config) #int s0/0/0                                  ! 配置 S0/0/0 接口信息
R2 (config-if) #ip add 10.1.1.2 255.255.255.0
R2 (config-if) #encapsulation ppp
R2 (config-if) #clock rate 64000                         ! 配置时钟频率
```

```
R2 (config-if) #no shutdown
R2 (config-if) #exit

R2 (config) #int s0/1/0                          ! 配置S0/0/0接口信息
R2 (config-if) #ip add 10.1.2.2 255.255.255.0
R2 (config-if) #encapsulation ppp
R2 (config-if) #clock rate 64000                 ! 配置时钟频率
R2 (config-if) #no shutdown
R2 (config-if) #exit
```

3. 在R3上配置信息。

```
Router>en
Router#conf t
Router (config) #hostname R3
R3 (config) #int s0/1/0
R3 (config-if) #ip add 10.1.2.1 255.255.255.0
R3 (config-if) #no shutdown
R3 (config-if) #exit

R3 (config) #int F0/1
R3 (config-if) #ip add 192.168.20.1 255.255.255.0
R3 (config-if) #no shutdown
```

4. 完成以上配置后，网络中各个设备的接口均会变为绿灯状态，但PC1和PC2之间是没有连通的，此时需要通过配置RIP动态路由协议来实现设备之间的连通。

5. 配置RIP动态路由时，需要宣告路由器的直连网段信息，在R1中，直连网段分别为192.168.10.0和10.1.1.0两个网段，因此，在R1上配置RIP动态路由的方法如下：

```
R1 (config) #router rip                          ! 启用RIP动态路由协议
R1 (config-router) #version 2                    ! 版本为2
R1 (config-router) #network 10.1.1.0             ! 宣告R1直连的网段
R1 (config-router) #network 192.168.10.0         ! 宣告R1直连的网段
R1 (config-router) #no anto-summary
```

6. 在R2中，直连网段分别为10.1.1.0和10.1.2.0两个网段，因此，在R2上配置RIP动态路由的方法如下：

```
R2 (config) #router rip                          ! 启用RIP动态路由协议
R2 (config-router) #version 2                    ! 版本号为2
R2 (config-router) #network 10.1.1.0             ! 宣告R2直连的网段
R2 (config-router) #network 10.1.2.0             ! 宣告R2直连的网段
R2 (config-router) #no auto-summary
```

7. 在R3中，直连网段分别为10.1.2.0和192.168.20.0两个网段，因此，在R3

上配置 RIP 动态路由的方法如下：

```
R3 (config) #router rip                          ! 启用 RIP 动态路由协议
R3 (config-router) #version 2                    ! 版本号为 2
R3 (config-router) #network 10.1.2.0             ! 宣告 R3 直连的网段
R3 (config-router) #network 192.168.20.0         ! 宣告 R3 直连的网段
R3 (config-router) #no auto-summary
```

8. RIP 动态路由协议配置完成后，分别在 R1、R2、R3 上使用 show ip route 查看路由器的路由信息：

```
R1#show ip route
Codes: C-connected, S-static, I-IGRP, R-RIP, M-mobile, B-BGP
       D-EIGRP, EX-EIGRP external, O-OSPF, IA-OSPF inter area
       N1-OSPF NSSA external type 1, N2-OSPF NSSA external type 2
       E1-OSPF external type 1, E2-OSPF external type 2, E-EGP
       i-IS-IS, L1-IS-IS level-1, L2-IS-IS level-2, ia-IS-IS inter area
       *-candidate default, U-per-user static route, o-ODR
       P-periodic downloaded static route

Gateway of last resort is not set

10.0.0.0/8 is variably subnetted, 3 subnets, 2 masks
C 10.1.1.0/24 is directly connected, Serial0/0/0
C 10.1.1.2/32 is directly connected, Serial0/0/0
R 10.1.2.0/24 [120/1] via 10.1.1.2, 00:00:10, Serial0/0/0
C 192.168.10.0/24 is directly connected, FastEthernet0/1
R 192.168.20.0/24 [120/2] via 10.1.1.2, 00:00:10, Serial0/0/0
```

R 即为路由表中添加的动态路由，R2、R3 的路由表信息省略。

二、根据地址规划表配置 PC 和 PC2 的 IP 地址等信息

如图 6-2-2 和图 6-2-3 所示，分别配置 PC1 和 PC2 的 IP 地址、子网掩码及默认网关。

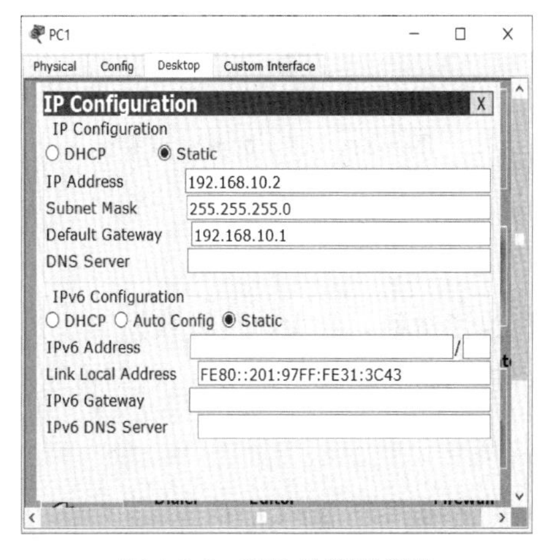

图 6-2-2　PC1 的配置信息

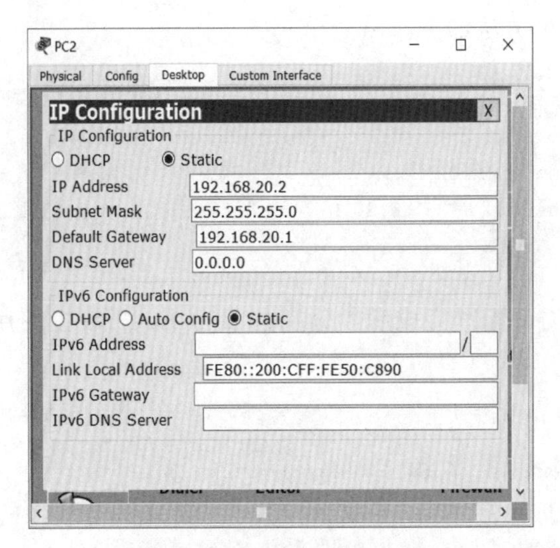

图 6-2-3　PC2 的配置信息

三、验证测试

在 PC1 上使用 ping 命令测试与 PC2 的连通性，如图 6-2-4 所示。

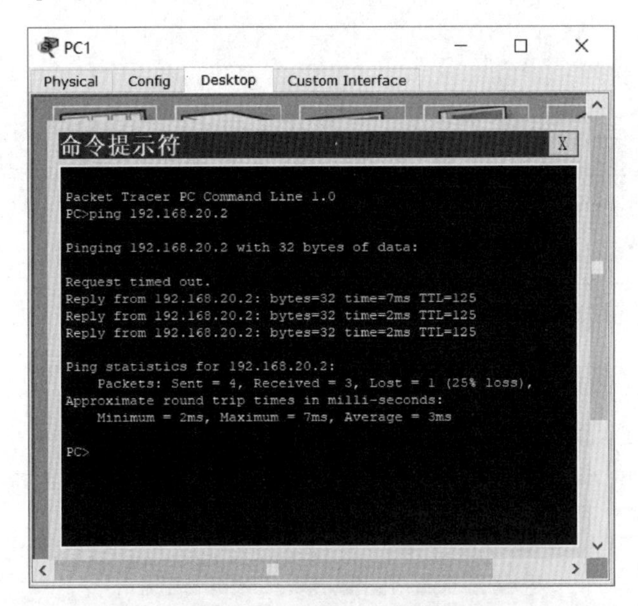

图 6-2-4　PC1 的测试结果

【任务小结】

1. RIP 协议使用跳数作为度量值，最大允许跳数为 15 跳，适用于中小型网络。
2. 配置 RIP 动态路由时，版本号需保持一致，否则可能造成网络不通。

【拓展练习】

某公司的网络拓扑如图 6-2-5 所示，网络地址规划如表 6-2-3 所示。现公司希望网络管理员通过配置 RIPV2 路由来实现公司的主机能够互相访问，并能够顺利访问服务器。

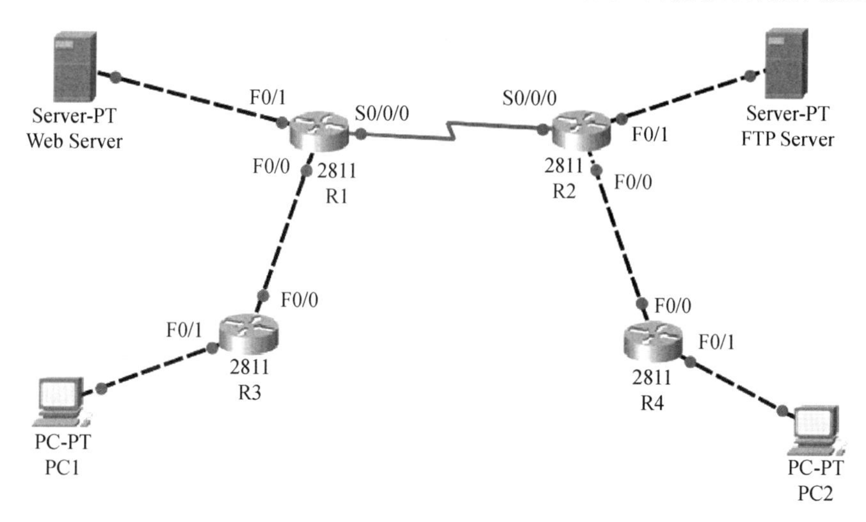

图 6-2-5　配置 RIPV2 路由网络拓扑图

表 6-2-3　某公司网络地址规划

设备名称	接口	接口地址	IP 地址	默认网关
PC1	\		172.16.10.1/24	172.16.10.254
PC2	\		172.16.20.2/24	172.16.20.254
Web Server	\		172.16.30.3/24	172.16.30.254
FTP Server	\		172.16.40.4/24	172.16.40.254
R1	F0/0	172.16.100.1/24	\	
	F0/1	172.16.30.254/24	\	
	S0/0/0	10.1.10.1/24	\	
R2	F0/0	172.16.200.1/24	\	
	F0/1	172.16.40.254/24	\	
	S0/0/0	10.1.10.2/24	\	
R3	F0/0	172.16.100.2/24	\	
	F0/1	172.16.10.254/24	\	
R4	F0/0	172.16.200.2/24	\	
	F0/1	172.16.20.254/24	\	

任务三　多区域 OSPF 动态路由

【任务描述】

蓝天公司的发展规模越来越大，静态路由协议已不能满足公司的网络需求，为了便于扩展和管理，决定采用 OSPF 动态路由协议，实现公司内部网络与广域网互联互通。

蓝天公司网络拓扑图如图 6-3-1 所示，网络地址规划如表 6-3-1 所示。

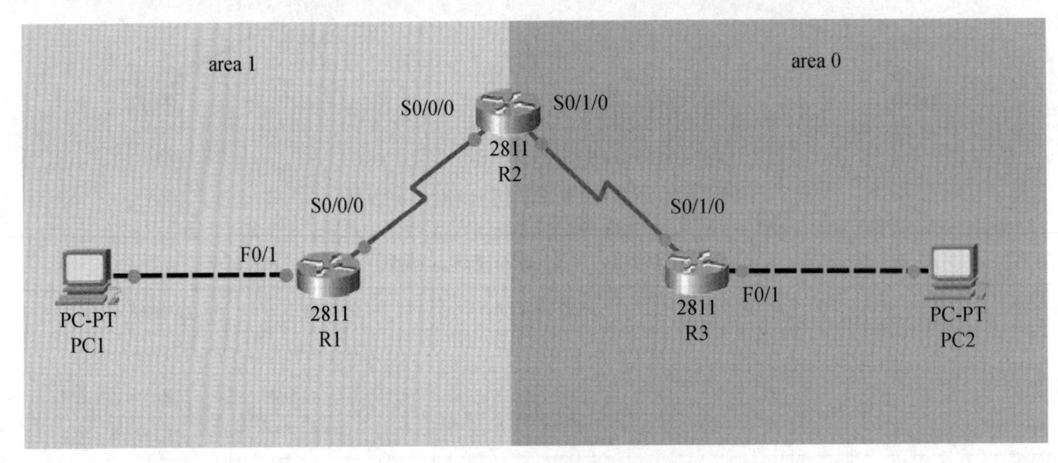

图 6-3-1　蓝天公司网络拓扑图

表 6-3-1　蓝天公司网络地址规划

设备名称	接口	接口地址	IP 地址	默认网关
PC1	\		192.168.10.2/24	192.168.10.1
PC2	\		192.168.20.2/24	192.168.20.1
R1	F0/1	192.168.10.1/24	\	
	S0/0/0	10.1.1.1/24	\	
R2	F0/0	10.1.2.1/24	\	
	F0/1	192.168.20.1/24	\	
	S0/0/0	10.1.1.2/24	\	
R3	F0/0	10.1.2.2/24	\	
	F0/1	192.168.20.1/24	\	

【知识准备】

一、OSPF 动态路由的原理

OSPF（Open Shortest Path First）开放最短路径优先路由协议，是一种基于链路状态的路由协议，路由器通过收集其他路由器发布的链路状态信息（Link State Advertisement）建立链路状态数据库（LSDB），根据 SPF 算法计算到达其他节点的最短路径树，得出达到目标网络的最优路由，并将其加入路由表中。

在 OSPF 中，支持将一组网段组合在一起，形成一个区域，其中有一个必不可少的骨干区域：Area 0，负责在非骨干区域之间发布路由信息，所有的区域边界路由器至少有一个接口属于 Area 0，即每个非骨干区域都必须和骨干区域相连，并且非骨干区域之间不能直接相互发布路由信息，以减少路由环路。

二、OSPF 动态路由配置方法

OSPF 动态路由的配置命令格式：

```
Router (config) #router ospf 1                      ! 启用 ospf 路由协议，1 为进程号
Router (config-router) #network [直连网段] [反掩码] [区域号]
```

反掩码计算：反掩码等于 255.255.255.255 减去当前掩码。如 255.255.255.0 的反掩码为 255.255.255.255-255.255.255.0=0.0.0.255

【任务实施】

一、配置各个路由器

1. 在 R1 上配置信息。

```
Router>en
Router#conf t
Router (config) #hostname R1                          ! 修改路由器名称
R1 (config) #int s0/0/0                               ! 配置 S0/0/0 的 IP 参数
R1 (config-if) #ip add 10.1.1.1 255.255.255.0
R1 (config-if) #encapsulation ppp                     ! 封装 PPP 协议
R1 (config-if) #clock rate 64000                      ! 配置时钟频率
R1 (config-if) #no shutdown                           ! 打开端口
R1 (config-if) #exit

R1 (config) #int F0/1                                 ! 配置 F0/1 的 IP 参数
R1 (config-if) #ip add 192.168.10.1 255.255.255.0
R1 (config-if) #no shutdown                           ! 打开端口
```

2. 在 R2 上配置信息。

```
Router>en
Router#conf t
Router (config) #hostname R2
R2 (config) #int s0/0/0                          ! 配置 S0/0/0 接口信息
R2 (config-if) #ip add 10.1.1.2 255.255.255.0
R2 (config-if) #encapsulation ppp
R2 (config-if) #clock rate 64000                 ! 配置时钟频率
R2 (config-if) #no shutdown
```

```
R2 (config-if) #exit

R2 (config) #int s0/1/0                               ! 配置 S0/0/0 接口信息
R2 (config-if) #ip add 10.1.2.2 255.255.255.0
R2 (config-if) #encapsulation ppp
R2 (config-if) #clock rate 64000                      ! 配置时钟频率
R2 (config-if) #no shutdown
R2 (config-if) #exit
```

3. 在 R3 上配置信息。

```
Router>en
Router#conf t
Router (config) #hostname R3
R3 (config) #int F0/0
R3 (config-if) #ip add 10.1.2.2 255.255.255.0
R3 (config-if) #no shutdown
R3 (config-if) #exit

R3 (config) #int F0/1
R3 (config-if) #ip add 192.168.20.1 255.255.255.0
R3 (config-if) #no shutdown
```

4. 完成以上配置后，网络中各个设备的接口均会变为绿灯状态，但 PC1 和 PC2 之间是没有连通的，此时需要通过配置 OSPF 动态路由协议来实现设备之间的连通。

5. 在 R1 中，直连网段分别为 192.168.10.0 和 10.1.1.0 两个网段，反掩码为 0.0.0.255，所属区域为 area1，因此，在 R1 上配置 OSPF 动态路由的方法如下：

```
R1 (config) #router ospf 1                    ! 启用 OSPF 动态路由协议，进程号为 1
R1 (config-router) #network 192.168.10.0 0.0.0.255 area 1
                                              ! 宣告 R1 直连的网段及所属区域
R1 (config-router) #network 10.1.1.0 0.0.0.255 area 1
                                              ! 宣告 R1 直连的网段及所属区域
```

6. 在 R2 中，直连网段分别为 10.1.1.0 和 10.1.2.0 两个网段，反掩码为 0.0.0.255，所属区域分别为 area1 和 area0，因此，在 R2 上配置 OSPF 动态路由的方法如下：

```
R2 (config) #router ospf 1                    ! 启用 OSPF 动态路由协议，进程号为 1
R2 (config-router) #network 10.1.1.0 0.0.0.255 area 1
                                              ! 宣告 R2 直连的网段及所属区域
R2 (config-router) #network 10.1.2.0 0.0.0.255 area 0
                                              ! 宣告 R2 直连的网段及所属区域
```

7. 在 R3 中，直连网段分别为 10.1.2.0 和 192.168.20.0 两个网段，反掩码为

0.0.0.255，所属区域为 area0，因此，在 R3 上配置 OSPF 动态路由的方法如下：

```
R3 (config) #router ospf 1                       ! 启用 OSPF 动态路由协议，进程号为 1
R3 (config-router) #network 10.1.2.0 0.0.0.255 area 0
                                                 ! 宣告 R3 直连的网段及所属区域
R3 (config-router) #network 192.168.20.0 0.0.0.255 area 0
                                                 ! 宣告 R3 直连的网段及所属区域
```

动态路由协议配置完成后，分别在 R1、R2、R3 上使用 show ip route 查看路由器的路由信息：

```
R1#show ip route
Codes: C-connected, S-static, I-IGRP, R-RIP, M-mobile, B-BGP
       D-EIGRP, EX-EIGRP external, O-OSPF, IA-OSPF inter area
       N1-OSPF NSSA external type 1, N2-OSPF NSSA external type 2
       E1-OSPF external type 1, E2-OSPF external type 2, E-EGP
       i-IS-IS, L1-IS-IS level-1, L2-IS-IS level-2, ia-IS-IS inter area
       *-candidate default, U-per-user static route, o-ODR
       P-periodic downloaded static route

Gateway of last resort is not set

10.0.0.0/8 is variably subnetted, 3 subnets, 2 masks
C 10.1.1.0/24 is directly connected, Serial0/0/0
C 10.1.1.2/32 is directly connected, Serial0/0/0
O IA 10.1.2.0/24 [110/128] via 10.1.1.2, 00:01:04, Serial0/0/0
C 192.168.10.0/24 is directly connected, FastEthernet0/1
O IA 192.168.20.0/24 [110/129] via 10.1.1.2, 00:00:34, Serial0/0/0
```

O 即为路由表中添加的动态路由，R2、R3 的路由表信息省略。

二、根据地址规划表配置 PC1 和 PC2 的 IP 地址等信息

如图 6-3-2 和图 6-3-3 所示，分别配置 PC1 和 PC2 的 IP 地址、子网掩码及默认网关。

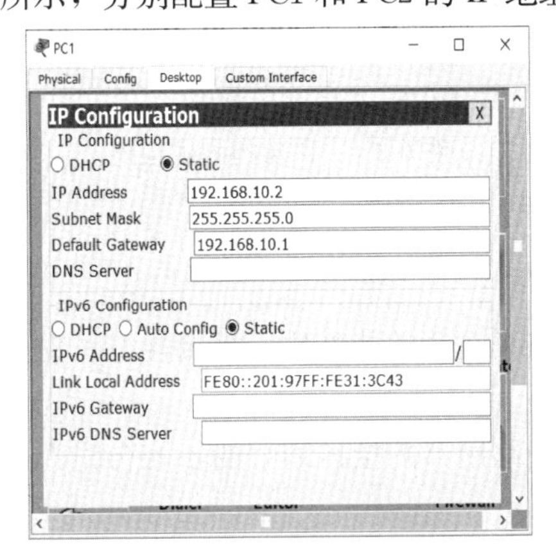

图 6-3-2　PC1 的配置信息

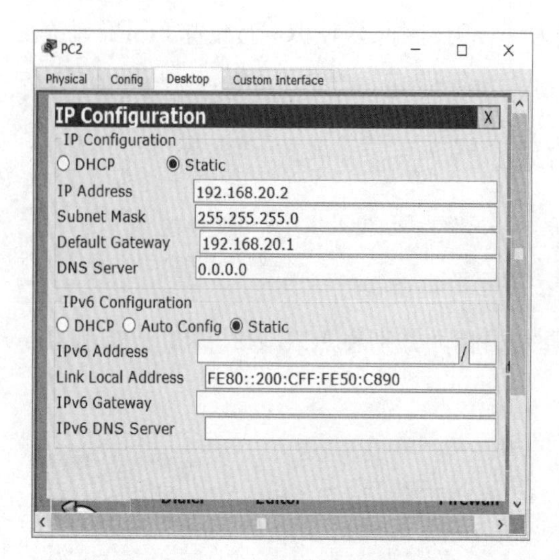

图 6-3-3　PC2 的配置信息

三、验证测试

在 PC1 上使用 ping 命令测试与 PC2 的连通性，如图 6-3-4 所示。

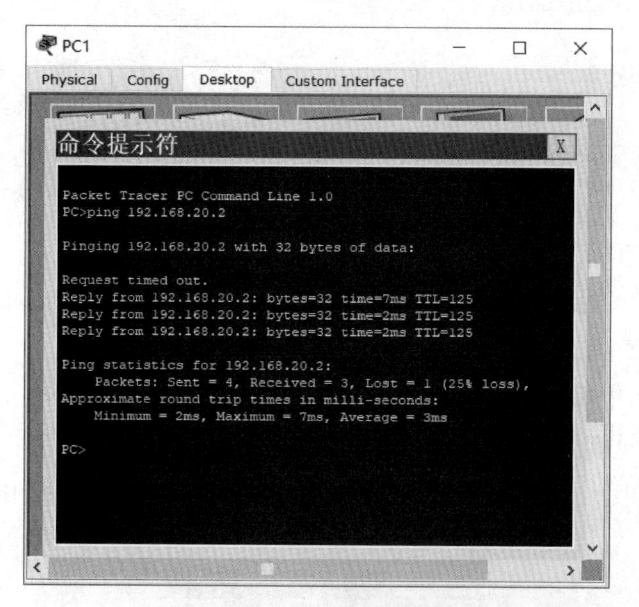

图 6-3-4　PC1 的测试结果

【任务小结】

1. OSPF 动态路由协议具有收敛速度快、扩展性好、支持路由信息验证等优点，适用于复杂结构的大型网络中。

2. OSPF 的区域是基于路由器的接口划分的，一台路由器可以只属于一个区域，也可以属于多个区域。

3. 为了保证网络配置的标准化和规范化，配置 OSPF 动态路由协议时，建议使用相同的进程号。

【拓展练习】

某公司的网络拓扑如图 6-3-5 所示，现公司希望网络管理员通过配置 OSPF 路由来实现公司的主机能够互相访问，并能够顺利访问服务器。网络地址规划见表 6-3-2。

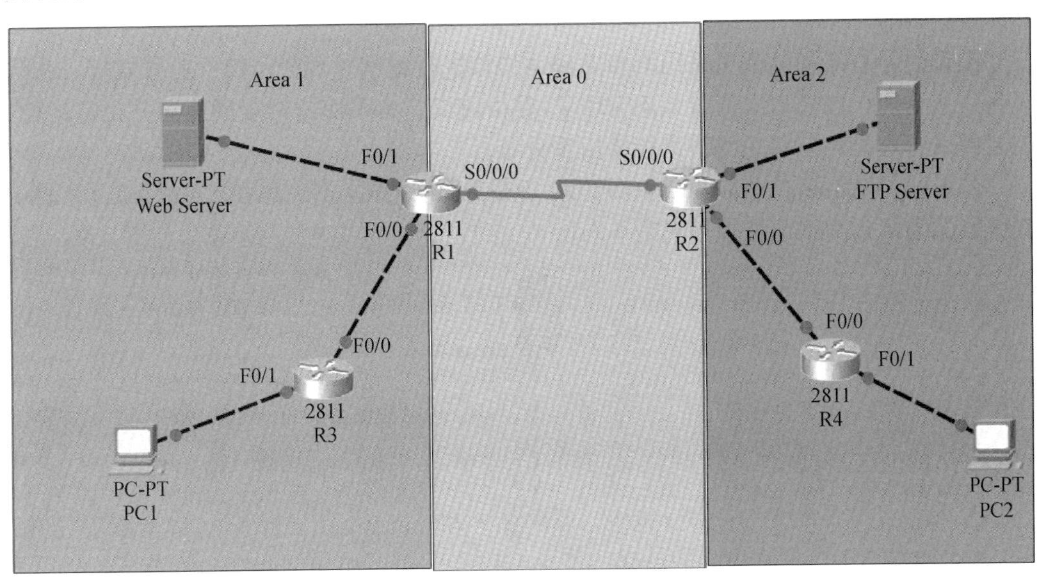

图 6-3-5　配置 OSPF 动态路由网络拓扑图

表 6-3-2　某公司网络地址规划

设备名称	接口	接口地址	IP 地址	默认网关
PC1	\		172.16.10.1/24	172.16.10.254
PC2	\		172.16.20.2/24	172.16.20.254
Web Server	\		172.16.30.3/24	172.16.30.254
FTP Server	\		172.16.40.4/24	172.16.40.254
R1	F0/0	172.16.100.1/24	\	
	F0/1	172.16.30.254/24	\	
	S0/0/0	10.1.10.1/24	\	
R2	F0/0	172.16.200.1/24	\	
	F0/1	172.16.40.254/24	\	
	S0/0/0	10.1.10.2/24	\	
R3	F0/0	172.16.100.2/24	\	
	F0/1	172.16.10.254/24	\	
R4	F0/0	172.16.200.2/24	\	
	F0/1	172.16.20.254/24	\	

扫码观看
任务视频

任务四 路由重分布

【任务描述】

蓝天公司总部和分公司采用 OSPF 路由协议进行组网，现公司扩大业务规模，并购了另一家公司，该公司组网时采用 RIPV2 路由协议，为了使公司全网连通并正常运行，需要网络管理员对公司的网络进行路由重分布。

蓝天公司网络拓扑图如图 6-4-1 所示，R1 表示分公司，R2 表示公司总部，R3 表示新并购的公司，网络地址规划见表 6-4-1。

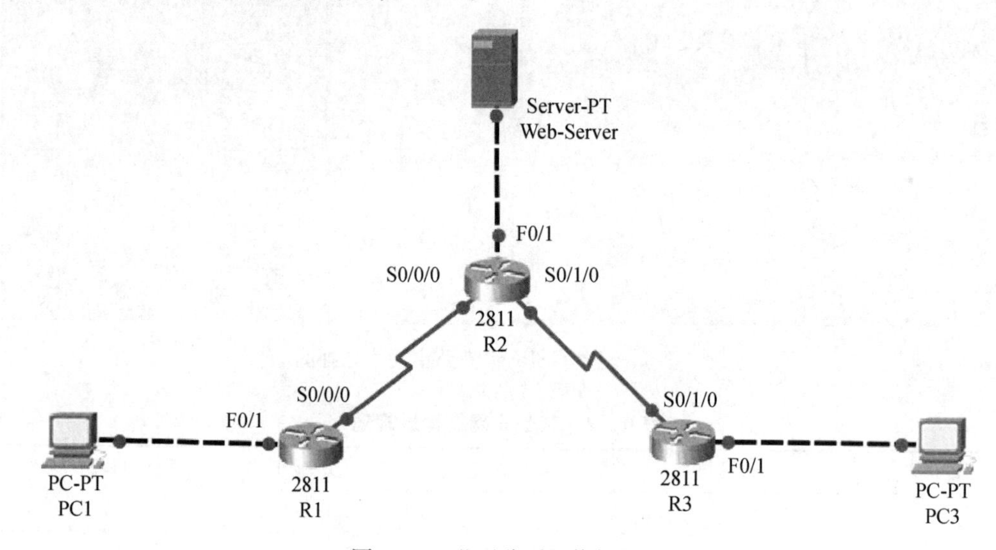

图 6-4-1 蓝天公司网络拓扑图

表 6-4-1 蓝天公司网络地址规划

设备名称	接口	接口地址	IP 地址	默认网关
PC1	\		192.168.10.2/24	192.168.10.1/24
Web-Server	\		192.168.20.200/24	192.168.20.1/24
PC3	\		192.168.30.2/24	192.168.30.1/24
R1	F0/1	192.168.10.1/24	\	
	S0/0/0	10.1.1.1/24	\	
R2	S0/1/0	10.1.2.1/24	\	
	F0/1	192.168.20.1/24	\	
	S0/0/0	10.1.1.2/24	\	
R3	S0/1/0	10.1.2.2/24	\	
	F0/1	192.168.30.1/24	\	

【知识准备】

一、路由重分布

通常在一个大型网络中，会有多种路由协议同时运行的情况存在，为了使不同路由协议之间能够实现相互通信，需要进行路由重分布（Route Redistribution）。路由重分布需要在边界路由器上进行，即一台路由器同时运行多种路由协议，路由重分布的过程就是将一种路由协议的路由信息转换为另外一种路由协议的路由信息，如：将 OSPF 路由协议中的路由信息转换为 RIP 路由协议的路由信息。

种子度量值（Metric）是路由重分布中转换度量的重要参数，不同协议之间的默认种子度量值是不同的，路由协议默认的种子度量值如表 6-4-2 所示。

表 6-4-2　路由协议默认种子度量值

路由协议	默认种子度量值
RIP	无穷大
EIGRP	无穷大
OSPF	BGP 为 1，其他路由为 20
BGP	BGP 的度量值为 IGP 的度量值
直连路由、静态路由	不需要考虑

二、路由重分布配置命令

1. 重分布到 RIP：

```
redistributerip metric [度量值]
```

2. 重分布到 OSPF：

```
redistribute ospf [进程号] metric [度量值]
```

3. 重分布到静态路由：

```
redistribute static subnet
```

4. 重分布到直连路由：

```
redistribute connected subnet
```

【任务实施】

1. 配置各个路由器的路由协议。

（1）配置分公司 R1 的 OSPF 路由协议。R1 上的直连网络有 192.168.10.0 和 10.1.1.0 两个网段，因此添加 R1 的 OSPF 路由协议如下：

```
R1 (config) #router ospf 1
R1 (config-router) #network 192.168.10.0 0.0.0.255 area 0  ! 宣告 R1 直连的网段及所属区域
R1 (config-router) #network 10.1.1.0 0.0.0.255 area 0      ! 宣告 R1 直连的网段及所属区域
```

（2）配置 R2 的 OSPF 路由协议。总公司 R2 和分公司 R1 连接时，R2 上的直连网络有 192.168.10.0、10.1.1.0 和 10.1.2.0 三个网段，因此添加 R2 的 OSPF 路由协议如下：

```
R2 (config) #router ospf 1
R2 (config-router) #network 192.168.20.0 0.0.0.255 area 0    ! 宣告 R2 直连的网段及所属区域
R2 (config-router) #network 10.1.1.0 0.0.0.255 area 0        ! 宣告 R2 直连的网段及所属区域
R2 (config-router) #network 10.1.2.0 0.0.0.255 area 0        ! 宣告 R2 直连的网段及所属区域
```

（3）总公司 R2 和新公司 R3 相连采用 RIPV2 路由协议，因此还需要在 R2 中配置 RIP 路由协议如下：

```
R2 (config) #router rip
R2 (config-router) #version 2
R2 (config-router) #network 192.168.20.0                     ! 宣告 R2 直连的网段
R2 (config-router) #network 10.1.1.0                         ! 宣告 R2 直连的网段
R2 (config-router) #network 10.1.2.0                         ! 宣告 R2 直连的网段
R2 (config-router) #no auto-summary
```

（4）配置新公司 R3 的 RIP 路由协议。R3 上的直连网络有 192.168.30.0 和 10.1.2.0 两个网段，因此添加 R3 的 RIP 路由协议如下：

```
R3 (config) #router rip
R3 (config-router) #version 2
R3 (config-router) #network 192.168.30.0                     ! 宣告 R3 直连的网段
R3 (config-router) #network 10.1.2.0                         ! 宣告 R3 直连的网段
R2 (config-router) #no auto-summary
```

2. 配置完成各个路由器后，此时 PC1 只能和 Web 服务器连通，PC1 和 PC3 之间还不能正常通信，需要在 R2 上配置路由重分布，才能实现全网互通。

```
R2 (config) #router ospf 1
R2 (config-router) #redistribute rip metric 3 subnets
                                      ! 将 RIP 路由协议重分布到 OSPF 路由协议中
R2 (config) #router rip
R2 (config-router) #redistribute ospf 1 metric 3
                                      ! 将 OSPF 路由协议重分布到 RIP 路由协议中
```

3. 配置完成后，分别在 R1、R2、R3 上使用 show ip route 查看路由表信息。

（1）R1 的路由表信息如图 6-4-2 所示。

（2）R2 的路由表信息如图 6-4-3 所示。

（3）R3 的路由表信息如图 6-4-4 所示。

```
R1#show ip route
Codes: C - connected, S - static, I - IGRP, R - RIP, M - mobile, B - BGP
       D - EIGRP, EX - EIGRP external, O - OSPF, IA - OSPF inter area
       N1 - OSPF NSSA external type 1, N2 - OSPF NSSA external type 2
       E1 - OSPF external type 1, E2 - OSPF external type 2, E - EGP
       i - IS-IS, L1 - IS-IS level-1, L2 - IS-IS level-2, ia - IS-IS
inter area
       * - candidate default, U - per-user static route, o - ODR
       P - periodic downloaded static route

Gateway of last resort is not set

     10.0.0.0/8 is variably subnetted, 3 subnets, 2 masks
C       10.1.1.0/24 is directly connected, Serial0/0/0
C       10.1.1.2/32 is directly connected, Serial0/0/0
O E2    10.1.2.0/24 [110/3] via 10.1.1.2, 00:34:52, Serial0/0/0
C    192.168.10.0/24 is directly connected, FastEthernet0/1
O    192.168.20.0/24 [110/65] via 10.1.1.2, 00:54:40, Serial0/0/0
O E2 192.168.30.0/24 [110/3] via 10.1.1.2, 00:34:52, Serial0/0/0
R1#
```

图 6-4-2　R1 的路由表信息

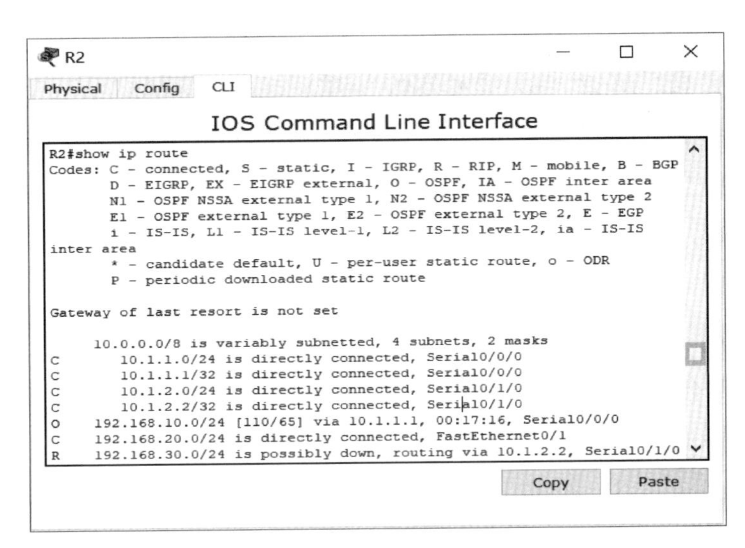

图 6-4-3　R2 的路由表信息

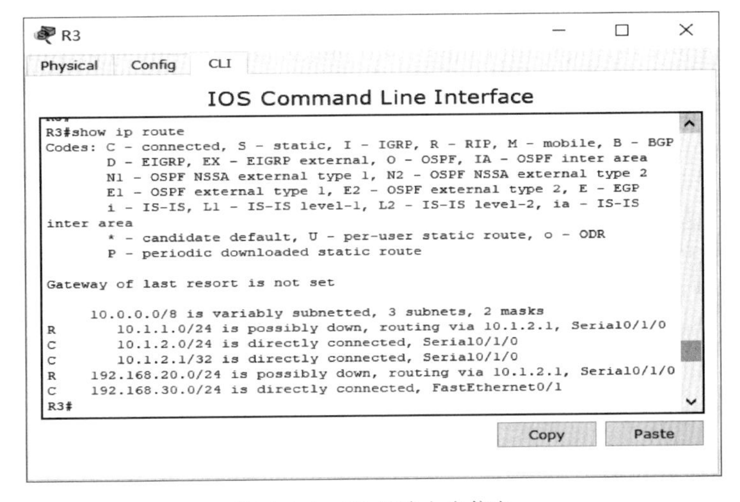

图 6-4-4　R3 的路由表信息

4. 测试验证。

在PC1上分别测试与Web服务器和PC3的连通性，如图6-4-5所示。

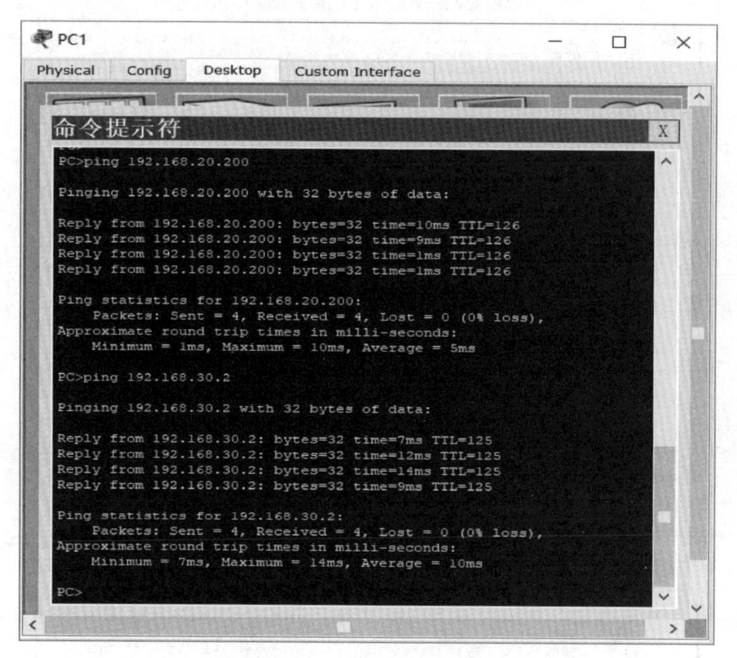

图6-4-5 PC1的测试结果

【任务小结】

利用路由重分布可以将不同的路由协议实现互通，当其他路由协议引入RIP和EIGRP路由协议时，需要手工指定种子度量值（Metric）。

【拓展练习】

某公司新合并了一家公司，原公司的网络在路由器R1、R2和R3上采用RIP路由协议，新公司R4上采用的是OSPF路由协议，现公司希望网络管理员通过配置路由重分布来实现网络的互通。网络拓扑如图6-4-6所示，网络地址规划见表6-4-3。

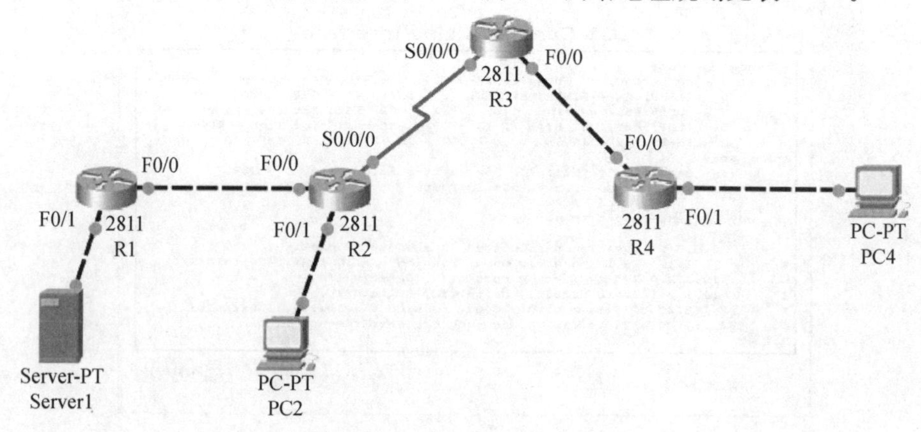

图6-4-6 某公司网络拓扑图

表 6-4-3　公司网络地址规划

设备名称	接口	接口地址	IP 地址	默认网关
PC2	\		172.16.20.2/24	172.16.20.254
Server1	\		172.16.10.100/24	172.16.10.254
PC4	\		172.16.40.4/24	172.16.40.254
R1	F0/0	10.1.1.1/24	\	
	F0/1	172.16.10.254/24	\	
R2	F0/0	10.1.1.2/24	\	
	F0/1	172.16.20.254/24	\	
	S0/0/0	10.1.2.2/24	\	
R3	S0/0/0	10.1.2.1/24	\	
	F0/0	10.1.3.1/24	\	
R4	F0/0	10.1.3.2/24	\	
	F0/1	172.16.40.254/24	\	

任务五 DHCP 中继

扫码观看
任务视频

【任务描述】

蓝天公司为了便于安全和管理，在公司总部架设了一台 DHCP 服务器，现需要配置 DHCP 的中继功能，使分公司的计算机能通过此服务器自动获取 IP 地址，并能顺利访问 Web 服务器。公司网络使用 OSPF 动态路由协议。

公司网络拓扑图如图 6-5-1 所示，网络地址规划见表 6-5-1。

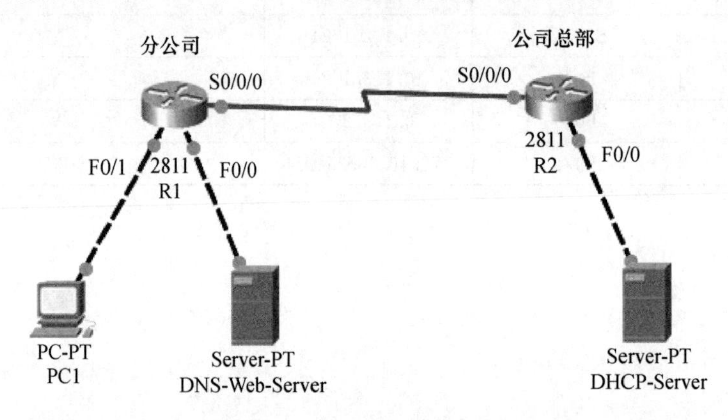

图 6-5-1 蓝天公司网络拓扑图

表 6-5-1 蓝天公司网络地址规划

设备名称	接口	接口地址	IP 地址	默认网关
PC1	\		192.168.10.0 （自动获取）	192.168.10.254
DNS-Web-Server	\		192.168.1.100/24	192.168.100.254
DHCP-Server	\		192.168.2.200/24	192.168.200.254
R1	F0/0	192.168.1.254/24	\	
	F0/1	192.168.10.254/24	\	
	S0/0/0	10.1.1.1/24	\	
R2	F0/0	192.168.2.254/24	\	
	S0/0/0	10.1.1.2/24	\	

【知识准备】

一、DHCP 中继原理

在复杂结构的网络中，由于设备较多，分布零散，通常会通过 DHCP 动态获取 IP 地址的方式为终端设备配置 IP 地址，为了减少工作量，网络管理员可以不必在每个网关设备上（三层交换机或路由器）都配置 DHCP 服务，可以在网络中部署一台专门的

DHCP 服务器（Windows 或 Linux 的 DHCP Server），通过配置 DHCP 客户端网关设备的 DHCP 中继功能，指定 DHCP 服务器的地址，来获取 IP 地址等信息。

二、DHCP 中继配置方法

IP helper-address [DHCP 服务器地址]

【任务实施】

一、配置路由器的参数

1. 在 R1 上配置信息

```
Router>en
Router#conf t
Enter configuration commands, one per line. End with CNTL/Z.
Router (config) #hostname R1
R1 (config) #int s0/0/0
R1 (config-if) #encapsulation ppp
R1 (config-if) #clock rate 64000
R1 (config-if) #ip add 10.1.1.1 255.255.255.0
R1 (config-if) #no shutdown

R1 (config) #int F0/0
R1 (config-if) #ip add 192.168.1.254 255.255.255.0
R1 (config-if) #no shutdown

R1 (config) #int F0/1
R1 (config-if) #ip add 192.168.10.254 255.255.255.0
R1 (config-if) #no shutdown
```

2. 在 R2 上配置信息

```
Router>en
Router#conf t
Enter configuration commands, one per line. End with CNTL/Z.
Router (config) #hostname R2
R2 (config) #int s0/0/0
R2 (config-if) #encapsulation ppp
R2 (config-if) #ip add 10.1.1.2 255.255.255.0
R2 (config-if) #no shutdown

R2 (config) #int F0/0
R2 (config-if) #ip add 192.168.2.254 255.255.255.0
R2 (config-if) #no shutdown
```

3. 在R1和R2上配置OSPF动态路由协议

```
R1 (config) #router ospf 1
R1 (config-router) #network 192.168.10.0 0.0.0.255 area 0
R1 (config-router) #network 192.168.1.0 0.0.0.255 area 0
R1 (config-router) #network 10.1.1.0 0.0.0.255 area 0

R2 (config) #router ospf 1
R2 (config-router) #network 192.168.2.0 0.0.0.255 area 0
R2 (config-router) #network 10.1.1.0 0.0.0.255 area 0
```

二、根据地址规划表配置两台服务器地址信息

1. 两台服务器必须使用静态地址，如图6-5-2、图6-5-3所示，分别配置服务器的IP地址等信息。

2. 配置DHCP服务器的DHCP服务，如图6-5-4所示。

3. 配置DNS服务器，如图6-5-5所示。

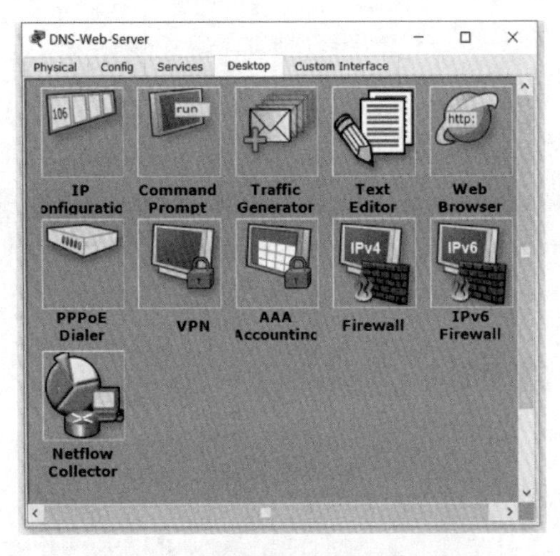

图6-5-2　DNS-Web-Server配置信息

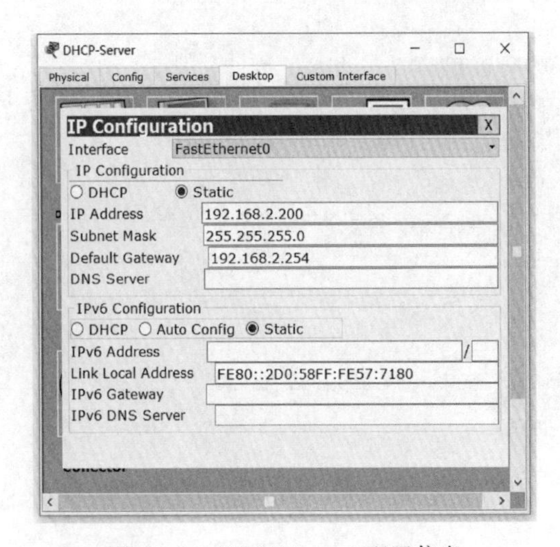

图6-5-3　DHCP-Server配置信息

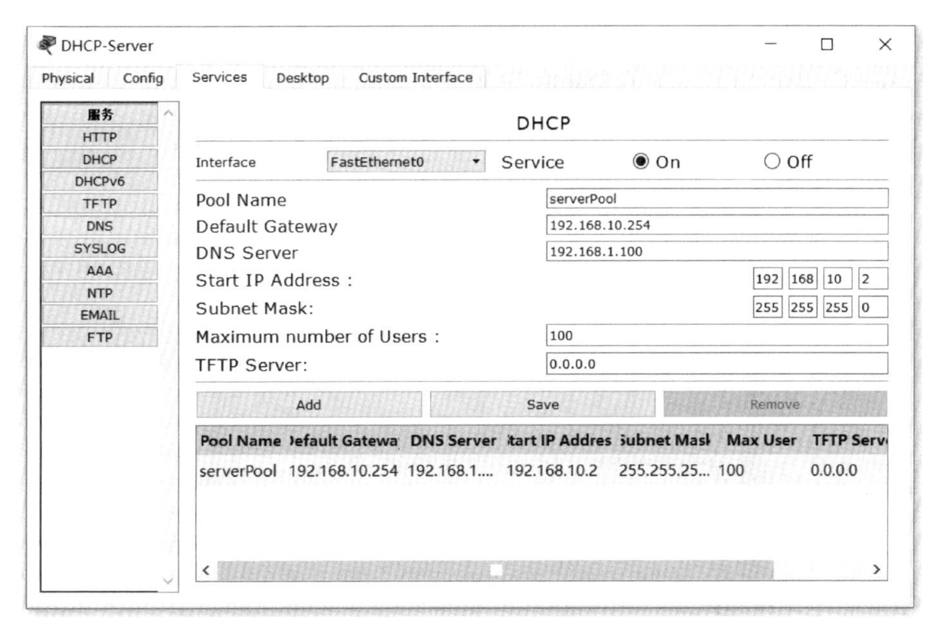

图 6-5-4　DHCP 服务配置

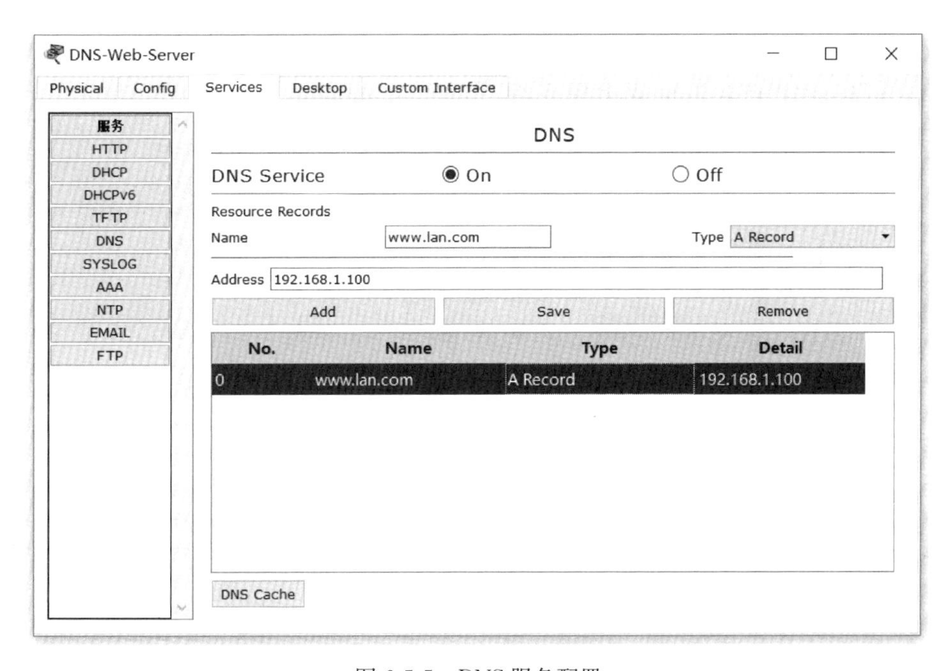

图 6-5-5　DNS 服务配置

三、配置 DHCP 中继

在 R1 上配置 DHCP 中继，指定 DHCP 服务器，配置命令如下：

```
R1 (config) #interface F0/1
R1 (config-if) #ip helper-address 192.168.2.200
```

四、验证配置

1. 在 PC1 上启用 DHCP 自动获取 IP 地址，如图 6-5-6 所示。

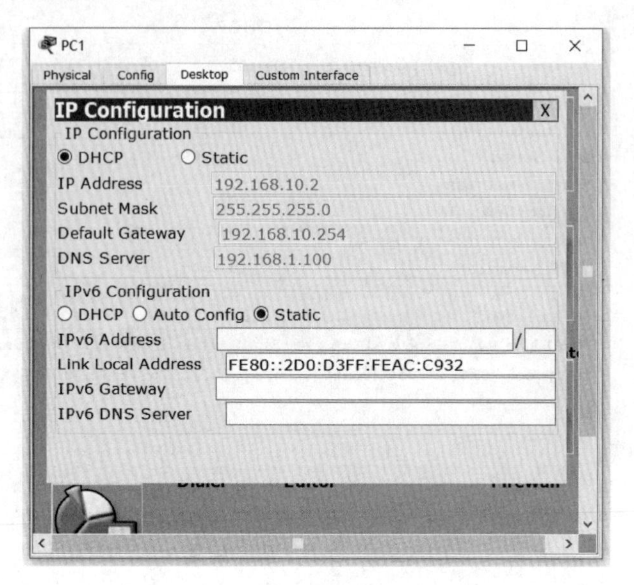

图 6-5-6　PC1 自动获取 IP 地址

2. 在 PC1 使用域名访问 Web 服务器，如图 6-5-7 所示。

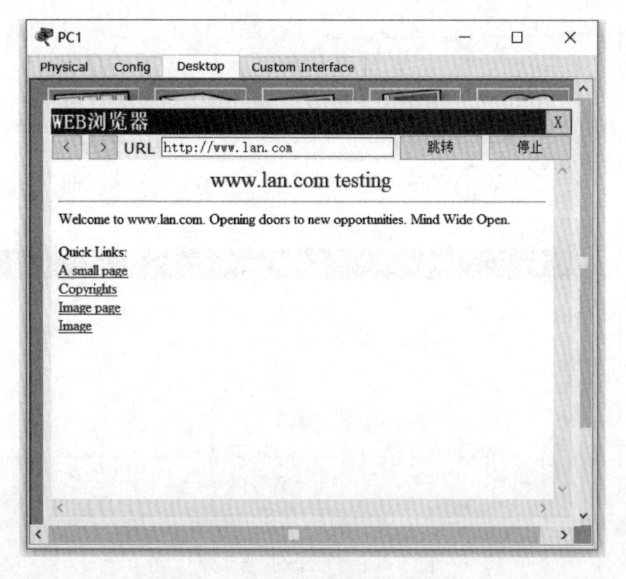

图 6-5-7　PC1 访问 Web 服务器

【任务小结】

通过启用 DHCP 中继功能，可以实现其他网关设备中继到该设备上为对应的终端设备提供自动获取 IP 地址。

【拓展练习】

某公司的网络拓扑如图 6-5-8 所示，网络地址规划见表 6-5-2。现公司希望网络管理员通过配置 DHCP 中继来实现网络中的主机自动获取 IP 地址。

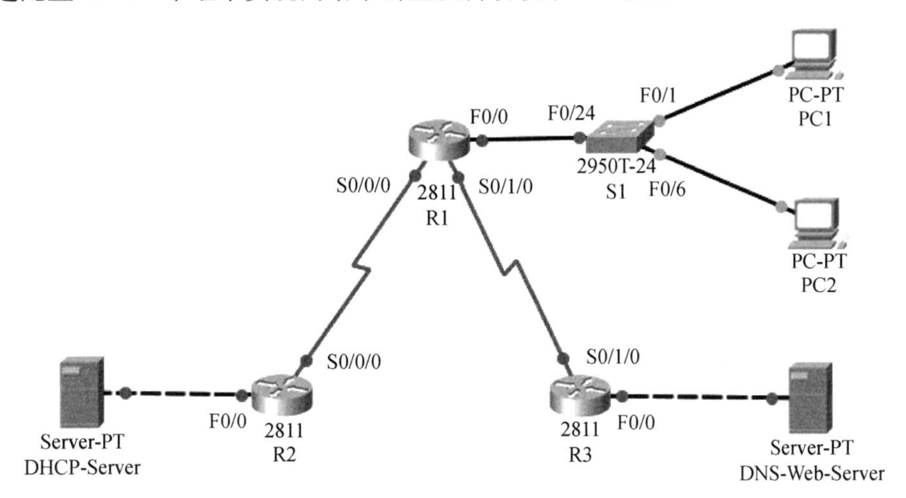

图 6-5-8　某公司的网络拓扑图

表 6-5-2　某公司网络地址规划

设备名称	接口	接口地址	IP 地址	默认网关
PC1	\		172.16.10.0（自动获取）	172.16.10.254
PC2	\		172.16.10.0（自动获取）	172.16.10.254
DNS-Web-Server	\		172.16.1.100/24	172.16.1.254
DHCP-Server	\		172.16.2.200/24	172.16.2.254
R1	F0/0	172.16.1.254/24	\	
	S0/0/0	10.1.1.1/24	\	
	S0/1/0	10.1.2.1/24	\	
R2	F0/0	172.16.2.254/24	\	
	S0/0/0	10.1.1.2/24	\	
R3	F0/0	172.16.1.254/24	\	
	S0/1/0	10.1.2.2/24	\	

练习题

一、选择题

1. Router（config）#________，在横线处可以输入的命令有哪些？（　　）

A. hostname　　B. interface　　C. write　　D. reload

2. Router#show ip________，横线上可以填入的命令有哪些？（　　）

A. arp　　B. nat　　C. route　　D. dhcp

3. 以下会在路由表里出现的是（　　）。

A. 下一跳地址　　B. 度量值　　C. MAC 地址　　D. 网络地址

4. 以下配置 OSPF 命令正确的是（　　）。

A. Router（config）#network 10.1.2.0 0.0.0.255 area 0

B. Router（config-router）#network 10.1.2.0 0.0.0.255

C. Router（config-router）#network 10.1.2.0 0.0.0.255 area 0

D. Router（config-router）#ip 10.1.2.0 0.0.0.255 area 0

二、判断题

1. 路由器上不可以配置 DHCP 服务。（　　）

2. RIP 协议的度量值最大为 15 跳。（　　）

3. 添加静态路由的命令是“ip route [网络号] [反掩码] [下一跳地址] ”。（　　）

4. 使用 OSPF 动态路由协议其他区域只能通过骨干区域（area 0）相连。（　　）

5. 路由器进行广域网连接时可以不用设置 DCE 端的时钟频率。（　　）

项目七　网络地址转换

任务一　NAT 技术

【任务描述】

蓝天公司网络业务需求，新购进一台路由器，网络管理员配置路由器并使用 NAT 技术，实现外网主机访问内网服务器。

蓝天公司网络拓扑图如图 7-1-1 所示，网络地址规划见表 7-1-1。

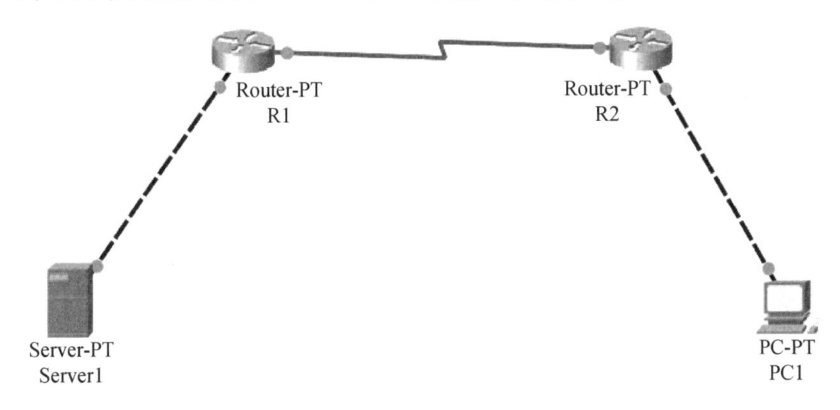

图 7-1-1　NAT 技术访问 Internet

表 7-1-1　蓝天公司网络地址规划

设备名称	接口	接口地址	IP 地址	网关
Server1	\		192.168.1.2/24	192.168.1.1
PC1	\		202.0.2.2/24	202.0.2.1
R1	F0/1	192.168.1.1/24	\	\
	S2/0	202.0.1.3/24	\	\
R2	F0/1	202.0.2.1/24	\	\
	S2/0	202.0.1.2/24	\	\

【知识准备】

一、网络地址转换 NAT

NAT（Network Address Translation，网络地址转换）属于接入广域网（WAN）技术，是一种将私有地址（保留）地址装为合法 IP 地址的转换技术，它被广泛应用于各类 Internet 接入方式，企业网络出口安装一台路由器（Route）设备作为企业网络出口设备，实现企业内部网络接入 Internet 网络。

二、NAT 实现方式

静态转换（Static Translation），动态转换（Dynamic Translation），端口多路复用（Port Address Translation，PAT）。

1. 静态 NAT：实现内部地址与外部地址一对一的映射。

2. 动态 NAT：定义一个地址池，自动映射，也是一对一的。

3. NAPT：使用不同的端口来映射多个内网 IP 地址到一个指定的外网 IP 地址，多对一。

三、公有地址和私有地址

1. 公有地址

组建一个企业级网络，需要向“电信运营商 ISP”申请一个接入 Internet 的宽带，同时 ISP 还会分配一个或多个 IP 地址，这些 IP 地址可以供企业内部上网，这些 ISP 分配给我们的 IP，就是公有 IP。

公有地址（Public Address，也可称为公网地址）由因特网信息中心（Internet Network Information Center，Internet NIC）负责。这些 IP 地址分配给注册并向 Internet NIC 提出申请的组织机构。通过它直接访问因特网，它是广域网范畴内的。

2. 私有地址

我们企业或家庭内部组建局域网用的 IP，一般都会用私有 IP。

私有地址（Private address，也可称为专网地址）属于非注册地址，专门为组织机构内部使用，它是局域网范畴内的，私有 IP 禁止出现在 Internet 中，在 ISP 连接用户的地方，将来自私有 IP 的流量全部都会阻止并丢掉。

【任务实施】

公网计算机是不能直接访问内网计算机，要实现内网服务器上的服务被外网访问，需要将内网服务 IP 地址映射到公网 IP，通过公网 IP 访问到内网服务器上的 Web 服务。按照图 7-1-1 所示网络拓扑连接设备，组建网络。

一、配置各路由器

1. 配置路由器 R1

```
Router>enable
Router#confg t
Router (config) #hostnameR1
R1 (config) #int F0/0
```

```
R1 (config-if) #ip add 192.168.1.1 255.255.255.0          ! 配置 IP 地址信息
R1 (config-if) #no shu
R1 (config-if) #int s2/0
R1 (config-if) #ip add 202.0.1.3 255.255.255.0            ! 配置 IP 地址信息
R1 (config-if) #no shu
R1 (config) #ip route 0.0.0.0 0.0.0.0 202.0.1.2
```

2. 配置路由器 R2

```
Router>enable
Router#confg t
Router (config) #hostname R2
R2 (config) #int F0/0
R2 (config-if) #ip add 202.0.2.1 255.255.255.0            ! 配置 IP 地址信息
R2 (config-if) #int s2/0
R2 (config-if) #clock rate 64000                          ! 配置路由的 DCE 时钟频率
R2 (config-if) #ip add 202.0.1.2 255.255.255.0
R2 (config) # ip route 0.0.0.0 0.0.0.0 202.0.1.3          ! 配置静态路由
```

二、配置 R1 路由器 NAT

公司内部网络使用私有地址，内网接入 Internet 网络，公司向运营商申请到 1 个公网地址 202.0.1.3，通过 NAT 地址转换技术，把私有地址转换为共有地址。

```
R1 (config) #ip nat inside source static 192.168.1.2 202.0.1.3
                                          ! 方法一：定义直接的静态地址转换
R1 (config) #ip nat inside source static tcp 192.168.1.2 80 202.0.1.3 80
                                          ! 方法二：定义基于 80 端口的静态地址转换
R1 (config) #int F0/0
R1 (config-if) #ip nat inside             ! 定义为内网接口
R1 (config-if) #exit
R1 (config) #interface Serial2/0
R1 (config-if) #ip nat outside            ! 定义为外网接口
R1 (config-if) #end
R1#write
```

三、测试和验证转换状态

1. 查看 R1 配置完成的地址转换信息。

```
R1#show ipnat translations                                        ! 查看地址转换信息
Pro  Inside global      Inside local       Outside local    Outside global
tcp 202.0.1.3: 80       192.168.1.2: 80    …                …
R1#show running-config                                            ! 查看配置文件信息
…
```

2. 在 PC2 上测试访问 http：//202.0.1.3/index.html，如图 7-1-2 所示。

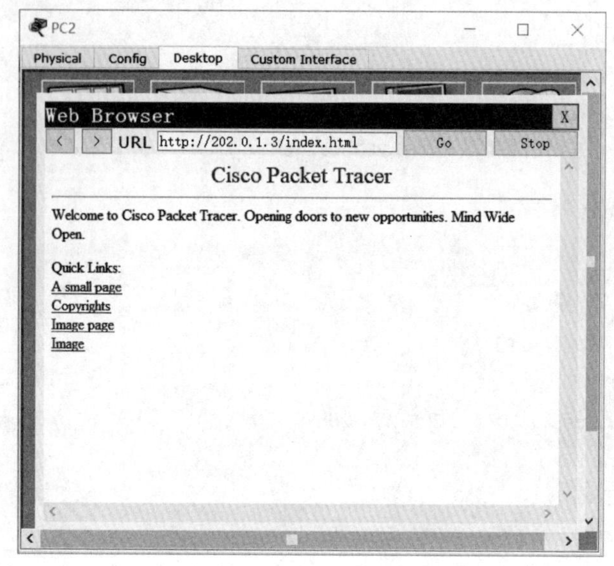

图 7-1-2　PC2 访问公司网站

【任务小结】

1. NAT 是指网络地址从一个地址空间转换为另一个地址空间的行为，将其网络划分为内部网络（inside）和外部网络（outside）。

2. NAT 地址转换技术源地址转换和目的地址转换的过程。

3. NAT 分为两类，分别为 NAT（网络地址转换）和 NAPT（网络地址端口转换）。

4. 不要把 inside 和 outside 应用端口配置错。

【拓展练习】

小王所在公司局域拓扑图如图 7-1-3 所示，根据网络规划在公司路由设置 NAT，实现公司设备都能访问 Internet，公司的 Web 服务器外网用户也能正常访问。网络地址规划见表 7-1-2。

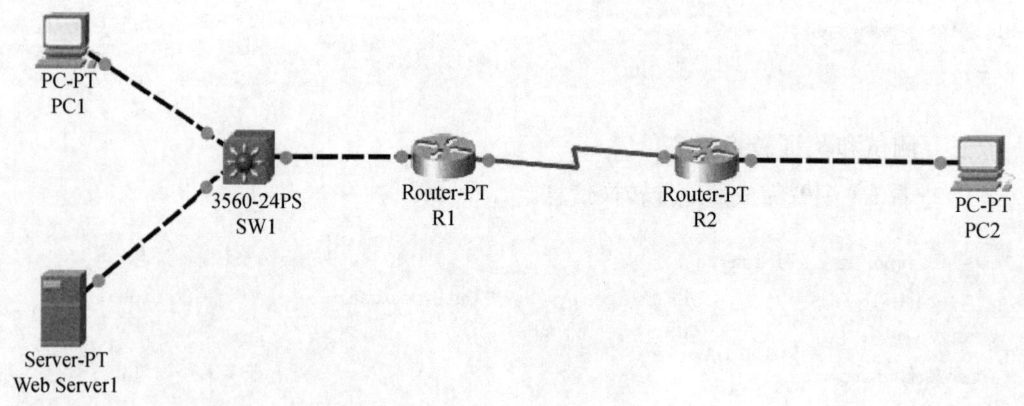

图 7-1-3　小王公司网络拓扑图

表 7-1-2　小王公司网络地址规划

设备名称	接口	接口地址	IP 地址	网关
R1	F0/1	172.16.10.1/24	\	172.16.10.1
	S2/0	202.0.1.3/24	\	\
R2	F0/1	202.0.2.1/24	\	\
	S2/0	202.0.1.2/24	\	\
PC1	\		172.16.10.2/24	172.16.10.1
PC2	\		202.0.2.2/24	202.0.2.1
SW1	F0/0	\	\	\
	F0/1	\	\	\
	F0/24	\	\	\
Web server1	F0/2	\	172.16.10.3/24	172.16.10.1

任务二 NAPT 技术

【任务描述】

蓝天公司在局域网组建过程中，新购进一台核心路由器把办公网接入 Internet。公司只有一个公网 IP 地址，需把公司内部设备接入 Internet，需要在路由器上配置 NAPT 端口地址转换技术。

蓝天公司网络拓扑图如图 7-2-1 所示，网络地址规划见表 7-2-1。

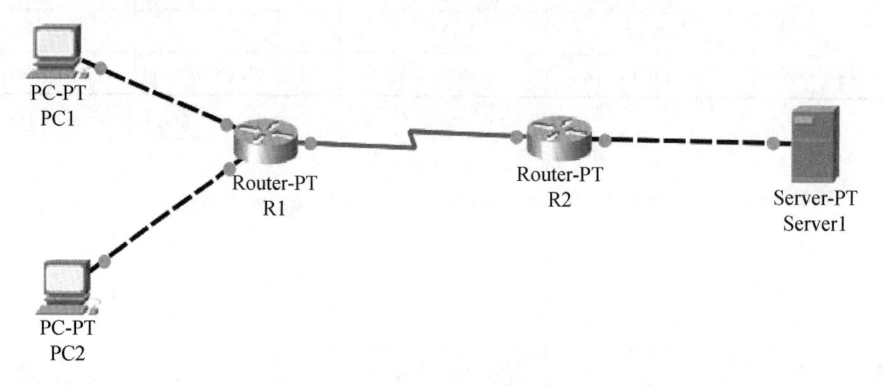

图 7-2-1 蓝天公司网络拓扑图

表 7-2-1 蓝天公司网络地址规划

设备	接口	接口地址	IP 地址	网关
R1	F0/0	192.168.1.1/24	\	\
	S2/0	202.0.1.2/24	\	\
R2	S2/0	202.0.1.3/24	\	\
	F0/0	202.0.2.1/24	\	\
PC1	\		192.168.1.2/24	192.168.1.1
PC2	\		192.168.2.2/24	192.168.2.1
Server1	\		202.0.2.2/24	202.0.2.1

【知识准备】

NAPT（Network Address Port Translation），即网络端口地址转换，是人们比较熟悉的一种转换方式，将多个内部地址映射为一个合法公网地址，但以不同的协议端口号与不同的内部地址相对应，也就是〈内部地址＋内部端口〉与〈外部地址＋外部端口〉之间的转换。NAPT 普遍用于接入设备中，它可以将中小型的网络隐藏在一个合法的 IP 地址后面。NAPT 也被称为“多对一”的 NAT，或者叫端口地址转换（Port Address Translations，PAT）、地址超载（Address Overloading）。

NAPT 与动态地址 NAT 不同，它将内部连接映射到外部网络中的一个单独的 IP

地址上，同时在该地址上加上一个由 NAT 设备选定的 TCP 端口号。

【任务实施】

一、配置各个路由器

1. 配置路由器 R1

```
Router>enable
Router#confg t
Router (config) #hostnameR1
R1 (config) #int F0/0
R1 (config-if) #ip add 192.168.1.1 255.255.255.0
R1 (config-if) #no shu
R1 (config) #int f1/0
R1 (config-if) #ip add 192.168.2.1 255.255.255.0
R1 (config-if) #no shu
R1 (config-if) #int s2/0
R1 (config-if) #ip add 202.0.1.2 255.255.255.0
R1 (config-if) #no shu
R1 (config-if) #exit
R1 (config) #ip route 0.0.0.0 0.0.0.0 202.0.1.3                ！配置静态路由
```

2. 配置路由器 R2

```
R1 (config) #int F0/0
R1 (config-if) #ip nat inside
R1 (config-if) #int s2/0
R1 (config-if) #ip nat outside
R1 (config-if) #exit
R1 (config) #access-list 10 permit 192.168.1.0 0.0.0.255
                                        ！定义内部网络中可以访问外网的私有地址范围
R1 (config) # ip nat pool internet 202.0.1.2 202.0.1.2 netmask 255.255.255.0
                                        ！定义企业（单位）在 ISP 申请到的公有地址池范围
R1 (config) # ip nat inside source list 10 pool internet overload
                                        ！私有地址范围和公有地址之间 NATP 端口的映射关系
```

3. R1 路由器上配置动态 NAPT 映射

```
Router>enable
Router#confg t
Router (config) #hostnameR2
R2 (config) #int F0/0
R2 (config-if) #ip add 202.0.2.1 255.255.255.0
R2 (config-if) #no shu
R2 (config-if) #int s2/0
```

```
R2 (config-if) #ip add 202.0.1.3 255.255.255.0
R2 (config-if) #no shu
R2 (config-if) #exit
R2 (config) #ip route 0.0.0.0 0.0.0.0 202.0.1.2                ! 配置静态路由
```

二、配置 PC1、server1 的 IP 地址等信息

1. 如图 7-2-2 所示，分别配置 PC1 的 IP 地址、子网掩码及默认网关，PC2 配置省略。

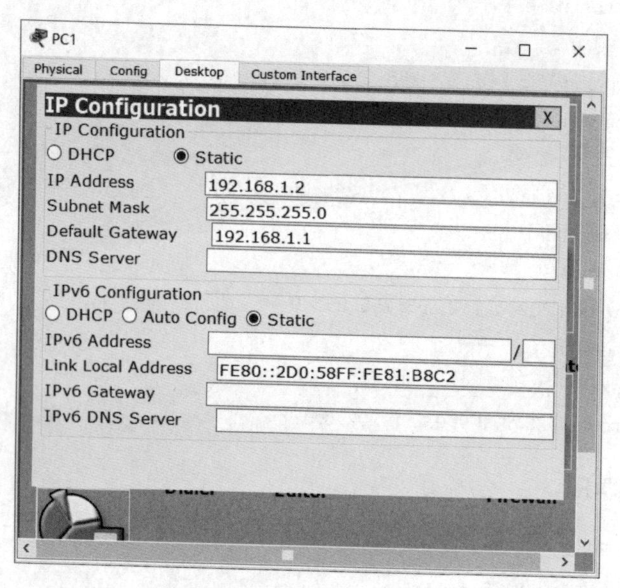

图 7-2-2　PC1 的配置信息

2. 如图 7-2-3 所示，分别配置 Server1 的 IP 地址、子网掩码及默认网关。

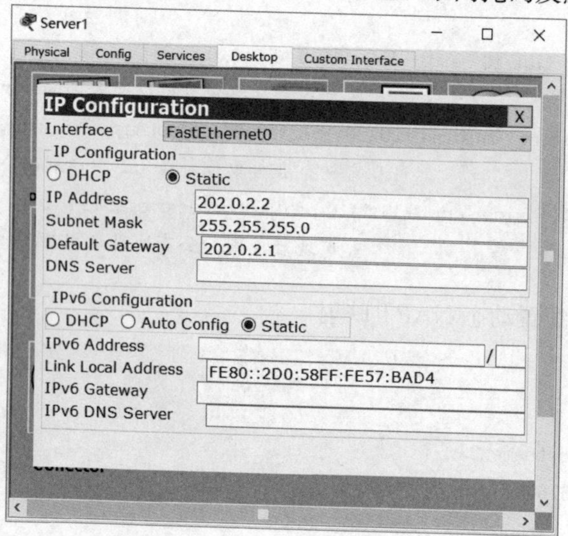

图 7-2-3　Server1 的配置信息

三、验证配置信息

1. 如图 7-2-4 所示，在 PC1 主机上测试访问外网 Web 服务 http：//202.0.2.2/index.html。

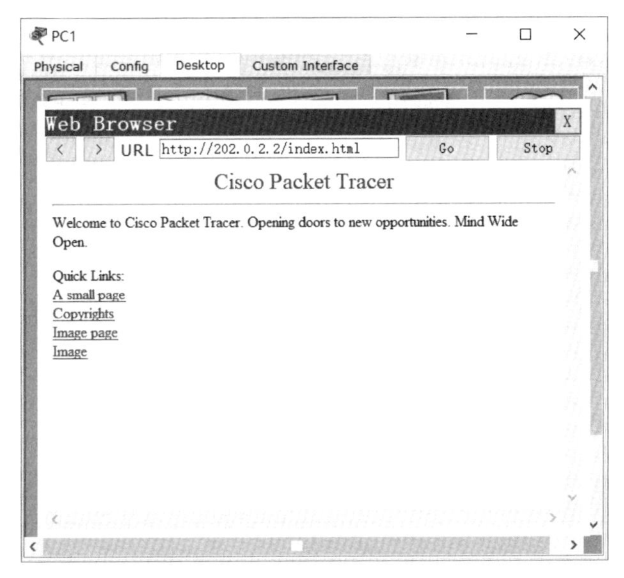

图 7-2-4　访问外网 Web 服务

2. 在路由器 R1 上查看 NAPT 映射关系。

```
R1＃show ipnat translations
Pro  Inside global        Inside local           Outside local       Outside global
tcp 202.0.1.2：1025       192.168.1.2：1025      202.0.2.2：80        202.0.2.2：80
tcp 202.0.1.2：1026       192.168.1.2：1026      202.0.2.2：80        202.0.2.2：80
```

【任务小结】

1. NAT 分为两类，分别为 NAT（网络地址转换）和 NAPT（网络地址端口转换）。

2. NAPT 与动态地址 NAT 不同，它将内部连接映射到外部网络中的一个单独的 IP 地址上，同时在该地址上加上一个由 NAT 设备选定的 TCP 端口号。

3. 注意不要把 inside 和 outside 应用端口配置错。

【拓展练习】

小王所在的公司局域拓扑图如图 7-2-5 所示，根据网络规划，把办公设备并把办公网接入 Internet。公司只有一个公网 IP 地址，需把公司内部多台设备接入 Internet 中，需要在路由器上启用 NAPT 端口地址转换技术。网络地址规划如表 7-2-2 所示。

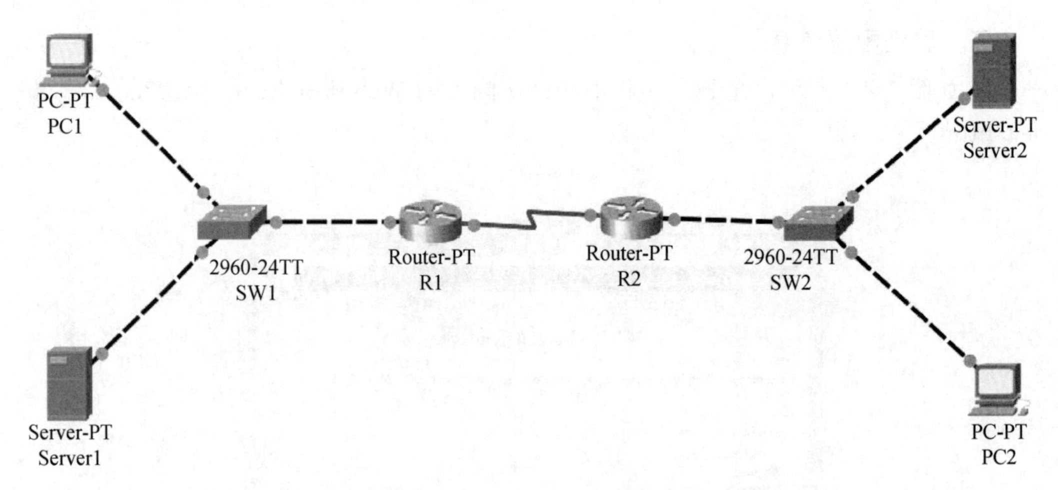

图 7-2-5　小王公司网络拓扑图

表 7-2-2　小王公司网络地址规划

设备	接口	接口地址	IP 地址	网关
R1	F0/0	172.16.1.1/24	\	\
	S2/0	202.0.1.2/24	\	\
R2	S2/0	202.0.1.3/24	\	\
	F0/0	202.0.2.1/24	\	\
PC1	\		172.16.1.3/24	172.16.1.1
PC2	\		202.0.2.2/24	202.0.2.1
SW1	F0/0	\		
	F0/1	\		
SW2	F0/0	\		
	F0/1	\		
Server1	\		172.16.1.2/24	172.16.1.1
Server2	\		202.0.2.3/24	202.0.2.1

练 习 题

一、选择题

1. NAT（网络地址转换）的功能是什么？（　　）

A. 将 IP 协议改为其他网络协议

B. 实现 ISP（因特网服务提供商）之间的通信

C. 实现拨号用户的接入功能

D. 实现私有 IP 地址与公共 IP 地址的相互转换

2. 网络地址转换（NAT）的三种类型是（　　）。

A. 静态 NAT、动态 NAT 和混合 NAT

B. 静态 NAT、网络地址端口转换 NAPT 和混合 NAT

C. 静态 NAT、动态 NAT 和网络地址端口转换 NAPT

D. 动态 NAT、网络地址端口转换 NAPT 和混合 NAT

3. 如果企业内部需要连接入 Internet 的用户一共有 400 个，但该企业只申请到一个 C 类的合法 IP 地址，则应该使用哪种 NAT 方式实现（　　）。

A. 静态 NAT　　B. 动态 NAT

C. PAT　　D. TCP 负载均衡

4. NAPT（也称为 PAT）可以对哪些元素进行转换？（　　）

A. MAC 地址＋端口号　　B. IP 地址＋端口号

C. 只有 MAC 地址　　D. 只有 IP 地址

5. NAPT 允许多个私有 IP 地址通过不同的端口号映射到同一个公有 IP 地址上，则下列关于 NAPT 中端口号描述正确的是（　　）。

A. 必须手工配置端口号和私有地址的对应关系

B. 只需要配置端口号的范围

C. 不需要做任何关于端口号的配置

D. 需要使用 ACL 分配端口号

二、简答题

1. 请简述 NAT 的四种类型。

2. NAT 与 NAPT 的区别是什么？

项目八　网络访问控制技术

任务一　标准访问控制列表

扫码观看
任务视频

【任务描述】

蓝天公司在局域网组建过程中，为保障公司数据安全，公司实施标准访问控制列表技术，禁止非业务后勤部门访问销售部网络，其他部门则允许访问。

蓝天公司网络拓扑图如图 8-1-1 所示，网络地址规划如表 8-1-1 所示。

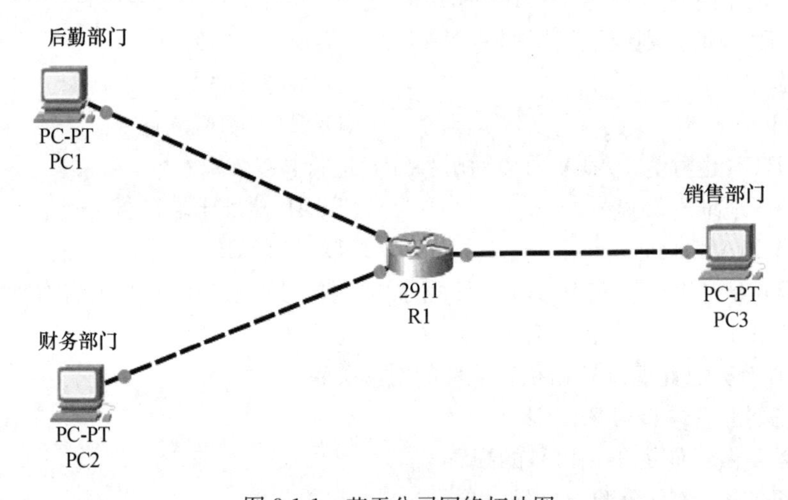

图 8-1-1　蓝天公司网络拓扑图

表 8-1-1　网络地址规划

设备	接口	接口地	IP 地址	网关
R1	G0/0	192.168.10.1/24	\	\
	G0/1	192.168.20.1/24	\	\
	G0/2	192.168.30.1/24	\	\
PC1	\		192.168.10.2/24	192.168.10.1
PC2	\		192.168.20.2/24	192.168.20.1
PC3	\		192.168.30.2/24	192.168.30.1

【知识准备】

访问控制列表（ACL）是应用在路由器接口指令列表。这些指令列表用来告诉路由器哪些数据包可以收、哪些数据包需要拒绝。至于数据包是被接收还是拒绝，可以由类似于源地址、目的地址、端口号等的特定指示条件来决定。

一个标准 IP 访问控制列表匹配 IP 包中的源地址或源地址中的一部分，可对匹配的包采取拒绝或允许两个操作。编号范围是从 1～99 的访问控制列表是标准 IP 访问控制列表。标准访问控制列表要尽量靠近目的端；相反地，拓展访问控制列表要尽量靠近源端。

【任务实施】

一、配置路由器

1. 配置路由 R1

```
R1 (config) #int GigabitEthernet 0/0
R1 (config-if) #ip add 192.168.10.1 255.255.255.0
R1 (config-if) #no shutdown
R1 (config-if) exit
R1 (config) #int GigabitEthernet 0/1
R1 (config-if) #ip add 192.168.20.1 255.255.255.0
R1 (config-if) #no shutdown
R1 (config) #int GigabitEthernet 0/2
R1 (config-if) #ip add 192.168.30.1 255.255.255.0
R1 (config-if) #no shutdown
R1 (config-if) end
```

2. 配置配置路由 R1 标准的网络控制列表

```
R1>enable
R1#conf t
R1 (config) #access-list 1 deny 192.168.10.0 0.0.0.255    ! 拒绝后勤部门网络访问
R1 (config) #access-list 1 permit any                      ! 允许其他部门访问
R1 (config) #interface GigabitEthernet 0/2                 ! 把安全规则应用在保护目标销售部
接口
R1 (config-if) #ip access-group 1 out                      ! 把安全规则使用在接口的出口方
向上
R1 (config-if) #exit
```

公司禁止内部其他非业务部门（后勤部门）网络访问销售部网络，需通过标准的网络访问控制来实现。

二、配置 PC1、PC2、PC3 的 IP 地址等信息

分别配置 PC1、PC2、PC3 的 IP 地址、子网掩码及默认网关，如图 8-1-2 所示。

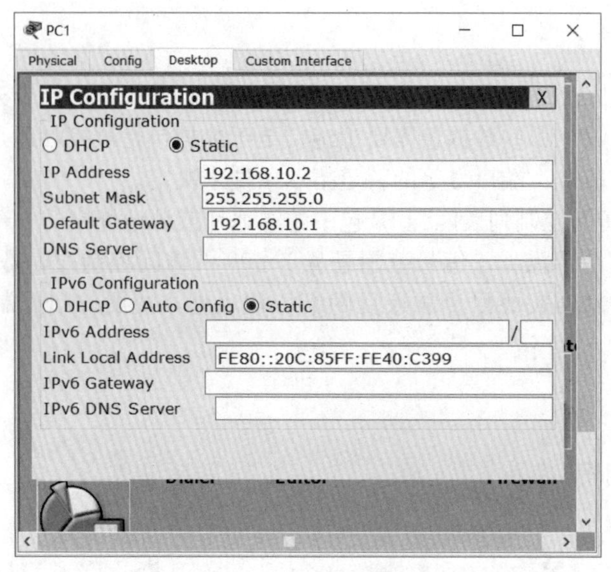

图 8-1-2　PC1 的配置信息

PC2、PC3 的配置信息省略。

三、验证配置信息

1. 查看直接路由表。

```
R1＃show ip route
Codes：L-local，C-connected，S-static，R-RIP，M-mobile，B-BGP
       D-EIGRP，EX-EIGRP external，O-OSPF，IA-OSPF inter area
       N1-OSPF NSSA external type 1，N2-OSPF NSSA external type 2
       E1-OSPF external type 1，E2-OSPF external type 2，E-EGP
i-IS-IS，L1-IS-IS level-1，L2-IS-IS level-2，ia-IS-IS inter area
       *-candidate default，U-per-user static route，o-ODR
       P-periodic downloaded static route

Gateway of last resort is not set

       192.168.10.0/24 is variably subnetted，2 subnets，2 masks
C        192.168.10.0/24 is directly connected，GigabitEthernet0/0
L        192.168.10.1/32 is directly connected，GigabitEthernet0/0
       192.168.20.0/24 is variably subnetted，2 subnets，2 masks
C        192.168.20.0/24 is directly connected，GigabitEthernet0/1
L        192.168.20.1/32 is directly connected，GigabitEthernet0/1
       192.168.30.0/24 is variably subnetted，2 subnets，2 masks
C        192.168.30.0/24 is directly connected，GigabitEthernet0/2
L        192.168.30.1/32 is directly connected，GigabitEthernet0/2
```

2. 分别在 PC1、PC2、PC3 上使用 ping 命令测试设备间的连通性，如图 8-1-3 所示。

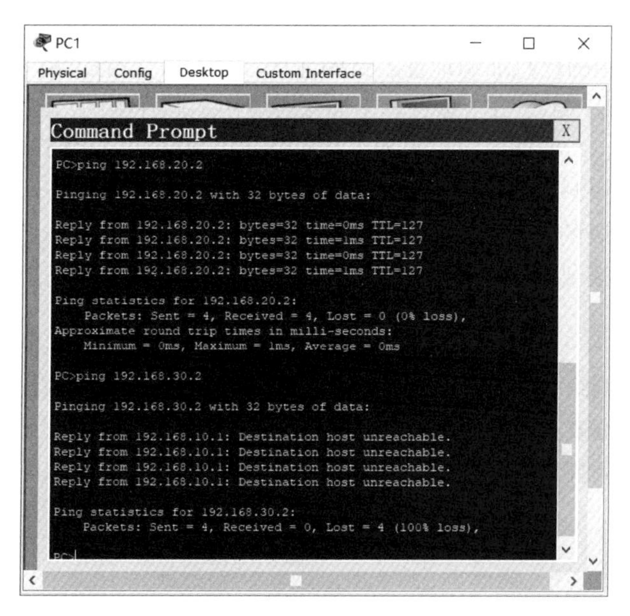

图 8-1-3 PC1 的测试结果

根据图 8-1-3 PC1 的测试结果，在路由器 R1 上设置了访问控制列表限制了网络访问范围，限制后勤部门访问销售部。

PC2 的测试结果如图 8-1-4 所示。

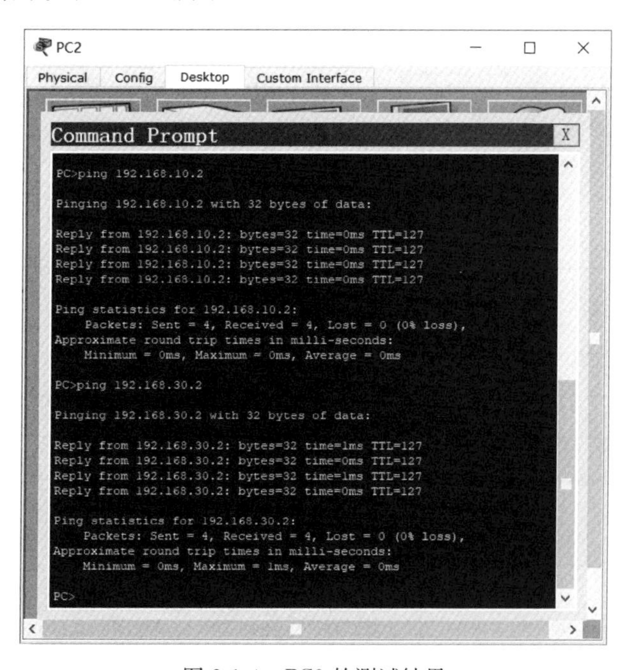

图 8-1-4 PC2 的测试结果

PC3 上使用 ping 命令测试设备间的连通性省略。

【任务小结】

1. 访问控制列表简称为 ACL，访问控制列表使用包过滤技术，在路由器上读取第三层及第四层包头中的信息如源地址、目的地址、源端口、目的端口等。

2. 访问控制列表 ACL 分很多种，不同场合应用不同种类的 ACL。其中最简单的就是标准访问控制列表，标准访问控制列表是通过使用 IP 包中的源 IP 地址进行过滤，使用的访问控制列表号 1～99 来创建相应的 ACL。

3. 访问控制列表的网络子网掩码的反码。

4. 访问控制列表要在接口下应用。

【拓展练习】

小王所在公司网络拓扑图如图 8-1-5 所示，根据网络地址规划（表 8-1-2），为了保护公司内部用户数据安全，公司实施内网安全防范措施。为保障公司企业内网络安全，公司实施标准的访问控制列表技术，禁止后勤部门访问财务部和销售部的网络。

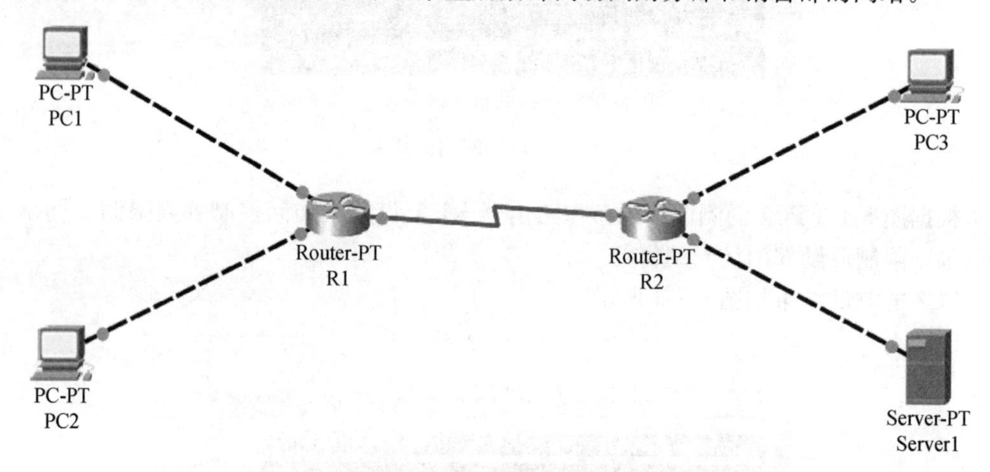

图 8-1-5　小王公司网络拓扑图

表 8-1-2　小王公司网络地址规划

设备	接口	IP 地址	网关	备注
R1	F0/0	172.16.1.2/24	172.16.1.1	
	F1/0	172.16.2.2/24	172.16.2.1	
	S2/0	10.10.11.2/24	10.10.11.1	
R2	F0/0	172.16.4.2/24	172.16.4.1	
	F1/0	172.16.5.2/24	172.16.5.1	
	S2/0	10.10.11.3/24	10.10.11.1	
PC1	\	172.16.1.2/24	172.16.1.1	后勤部门 PC
PC2	\	172.16.2.2/24	172.16.2.1	财务部门 PC
PC3	\	172.16.4.2/24	172.16.4.1	销售部门 PC
Server1	\	172.16.5.2/24	172.16.5.1	

任务二　扩展访问控制列表

【任务描述】

蓝天公司在局域网组建过程中，根据公司三个部门业务不同，需要二层交换机上划分三个 VLAN，实现访问控制，拒绝后勤部门访问 Web 服务器。

蓝天公司网络拓扑图如图 8-2-1 所示，网络地址规划如表 8-2-1 所示。

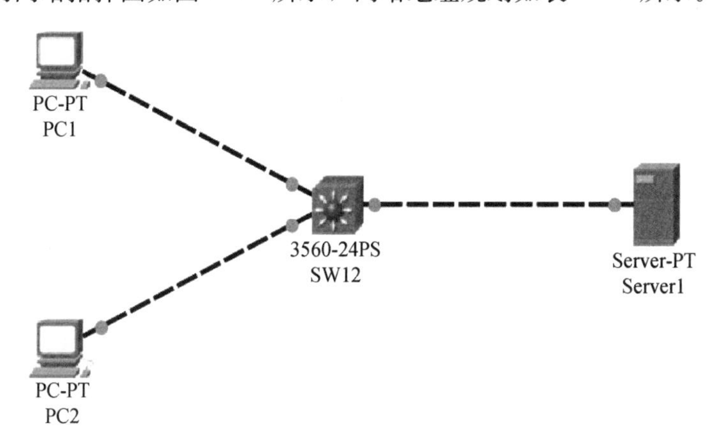

图 8-2-1　蓝天公司网络拓扑图

表 8-2-1　网络地址规划

设备/vlan	接口	接口地址	IP 地址	网关
PC1	\		192.168.100.2/24	192.168.100.1
PC2	\		192.168.200.2/24	192.168.200.1
Server1	\		10.0.28.2/24	10.0.28.1
vlan10	\	10.0.28.1/24	\	\
vlan100	\	192.168.100.1/24	\	\
vlan200	\	192.168.200.1/24	\	\

【知识准备】

一、技术原理

1. 访问列表中定义的典型规则主要有以下：源地址、目标地址、上层协议、时间区域。

2. 扩展 IP 访问列表（编号为 100～199，2000～2699）使用以上四种组合来进行转发或阻断分组；可以根据数据包的源 IP、目的 IP、源端口、目的端口、协议来定义规则，进行数据包的过滤。

二、扩展 IP 访问列表的配置

1. 定义扩展 IP 访问列表。

2. 将扩展 IP 访问列表应用于特定接口上。

【任务实施】

一、配置交换机

1. 交换机的基本配置

```
SW1＃conf t
SW1（config）＃ip routing                              ! 开启三层路由功能
SW1（config）＃vlan 10                                 ! 创建 vlan10
SW1（config-vlan）＃name server                        ! vlan10 命名为 server
SW1（config-vlan）＃vlan 100
SW1（config-vlan）＃name houqin
SW1（config-vlan）＃vlan 200
SW1（config-vlan）＃name xiaoshou
SW1（config-vlan）＃exit
SW1（config）＃int F0/1
SW1（config-if）＃switchport mode access
SW1（config-if）＃switchport access vlan 100
SW1（config）＃int F0/2
SW1（config-if）＃switchport mode access
SW1（config-if）＃switchport access vlan 200
SW1（config-vlan）＃exit
SW1（config-if）＃int g0/1
SW1（config-if）＃switchport mode access
SW1（config-if）＃switchport access vl0
SW1（config-if）＃exit
```

```
SW1（config）＃int vlan10
SW1（config-if）＃ip add 10.0.28.1 255.255.255.0
SW1（config-if）＃no shutdown
SW1（config-if）＃int vlan100
SW1（config-if）＃ip add 192.168.100.1 255.255.255.0
SW1（config-if）＃no shutdown
SW1（config-if）＃int vlan200
SW1（config-if）＃ip add 192.168.200.1 255.255.255.0
SW1（config-if）＃no shutdown
```

```
SW1 (config-if) #end
SW1#wr
```

2. 配置 SW1 扩展 IP 访问控制列表

```
SW1 (config) #ip access-list extended deny_houqin_www
                                                   ! 定义命名扩展访问扩展列表
SW1 (config-ext-nacl) #deny tcp 192.168.100.1 0.0.0.255 10.0.28.1 0.0.0.255 eq www
                                                   ! 禁止 www 服务
SW1 (config-ext-nacl) #permit ip any any           ! 允许其他服务
SW1 (config-ext-nacl) #end
```

3. 查看 ACL 配置

```
SW1#show ip access-lists deny_houqin_www
Extended IP access listdeny_houqin_www
    deny tcp 192.168.100.0 0.0.0.255 10.0.28.0 0.0.0.255 eq www
    permit ip any any
```

4. 访问控制列表应用到 vlan 中

```
SW1#conf t
SW1 (config) #int vlan 100
SW1 (config-if) #ip access-group deny_houqin_www in
```

二、配置 PC1、PC2、server1 的 IP 地址等信息

PC1 的配置信息如图 8-2-2 所示。

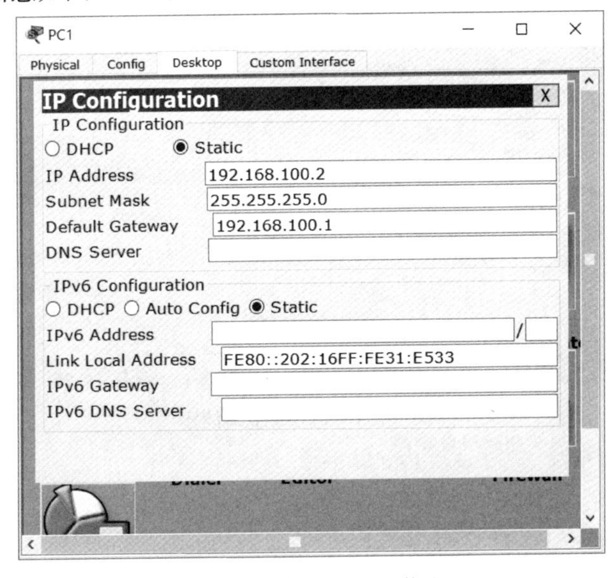

图 8-2-2　PC1 的配置信息

PC2、Server1 的配置信息省略。

三、验证配置信息

1. 在后勤部门所在网段访问服务器 Web 服务，测试发现拒绝访问 Web 服务，如图 8-2-3 所示。

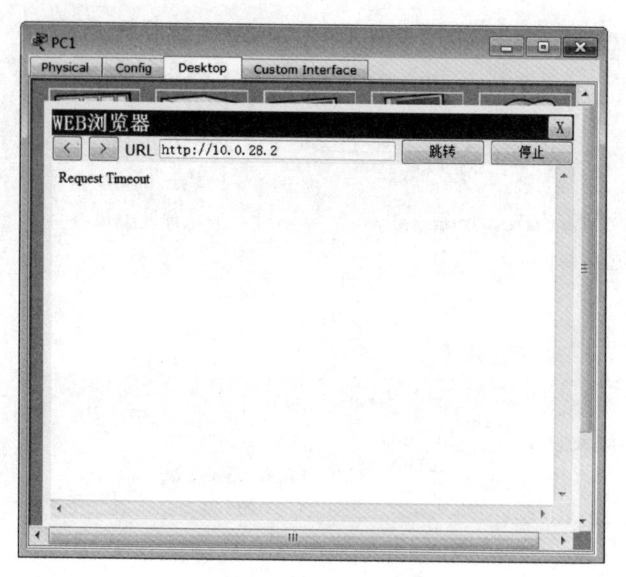

图 8-2-3　PC1 测试结果

2. 销售部门所在网络段访问 Web 服务器正常，如图 8-2-4 所示。

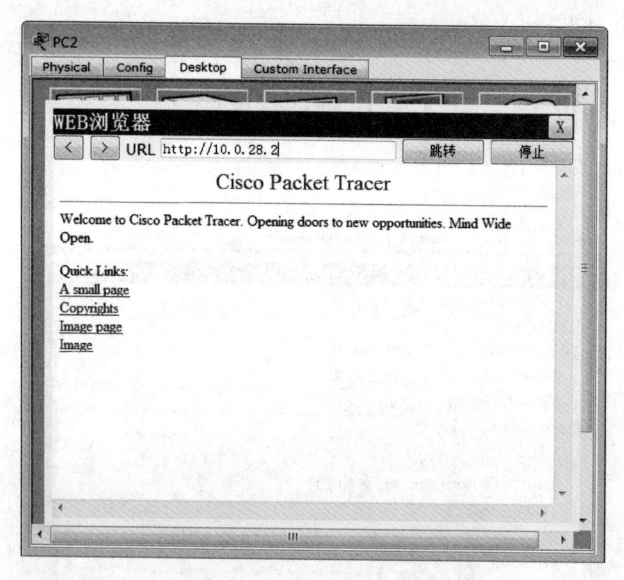

图 8-2-4　PC2 测试结果

【任务小结】

1. 访问控制列表要在接口下应用。

2. 要注意 deny 某个网络地址段后要 permit 其他网段。

3. 注意在访问控制列表的网络子网掩码是反掩码。

【拓展练习】

小王所在公司局域拓扑图如图 8-2-5 所示，根据表 8-2-2 分别创建不同的 VLAN 用于各个部门或设备间安全隔离，公司要求小王通过设置路由器静态路由，使得后勤部门设备拒绝访问公司 Web 和 FTP 服务器，其他部门允许。

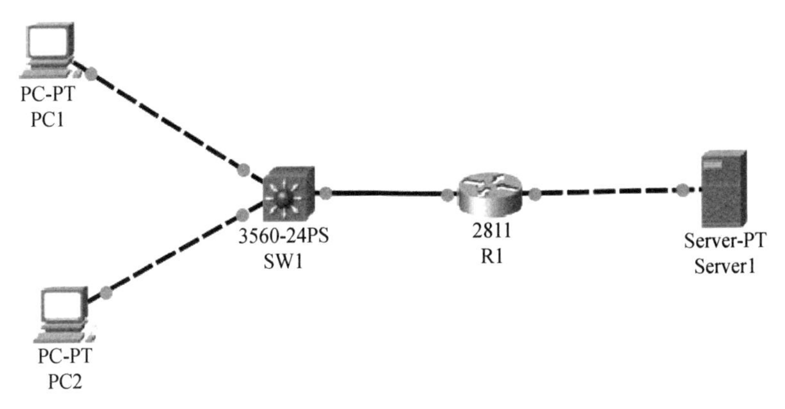

图 8-2-5　小王公司网络拓扑图

表 8-2-2　网络地址规划

<table>
<tr><th>设备/Vlan</th><th>接口</th><th>接口地址</th><th>IP 地址</th><th>网关</th></tr>
<tr><td>PC1</td><td colspan="2">\</td><td>172.16.10.2/24</td><td>172.16.10.1</td></tr>
<tr><td>PC2</td><td colspan="2">\</td><td>172.16.20.2/24</td><td>172.16.20.1</td></tr>
<tr><td>Server1</td><td colspan="2">\</td><td>10.0.28.2/24</td><td>10.0.28.1</td></tr>
<tr><td rowspan="3">SW1</td><td>F0/1</td><td>\</td><td>\</td><td>\</td></tr>
<tr><td>F0/2</td><td>\</td><td>\</td><td>\</td></tr>
<tr><td>G0/1</td><td>172.16.1.2/24</td><td>\</td><td>\</td></tr>
<tr><td rowspan="2">R1</td><td>F0/0</td><td>172.16.1.1/24</td><td>\</td><td>\</td></tr>
<tr><td>F0/1</td><td>202.0.28.1/24</td><td>\</td><td>\</td></tr>
<tr><td>vlan10</td><td></td><td>172.16.10.1/24</td><td>\</td><td>\</td></tr>
<tr><td>vlan20</td><td></td><td>172.16.20.1/24</td><td>\</td><td>\</td></tr>
</table>

练习题

1. 某台路由器上配置了如下一条访问列表 access-list 4 deny 202.38.0.0 0.0.255.255 access-list 4 permit 202.38.160.1 0.0.0.255 表示：（　　）。

A. 只禁止源地址为202.38.0.0网段的所有访问

B. 只允许目的地址为202.38.0.0网段的所有访问

C. 检查源IP地址，禁止202.38.0.0大网段的主机，但允许其中的202.38.160.0小网段上的主机

D. 检查目的IP地址，禁止202.38.0.0大网段的主机，但允许其中的202.38.160.0小网段的主机

2. 以下情况可以使用访问控制列表准确描述的是（　　）。

A. 禁止有CIH病毒的文件到我的主机

B. 禁止所有使用Telnet的用户访问我的主机

C. 只允许系统管理员可以访问我的主机

D. 禁止使用UNIX系统 的用户访问我的主机

3. 在一个接口上使用了access group命令，但没有创建相应的access list，在此接口上下面描述正确的是（　　）。

A. 发生错误

B. 拒绝所有的数据包 in

C. 拒绝所有的数据包 out

D. 拒绝所有的数据包 in、out

项目九　无线网组建

任务一　无线网组建接入

【任务描述】

蓝天公司在局域网组建过程中，财务部门和销售部门办公区域要求整体无线覆盖，保障手机、笔记本电脑都能移动办公。

蓝天公司网络拓扑图如图 9-1-1 所示，网络地址规划见表 9-1-1。

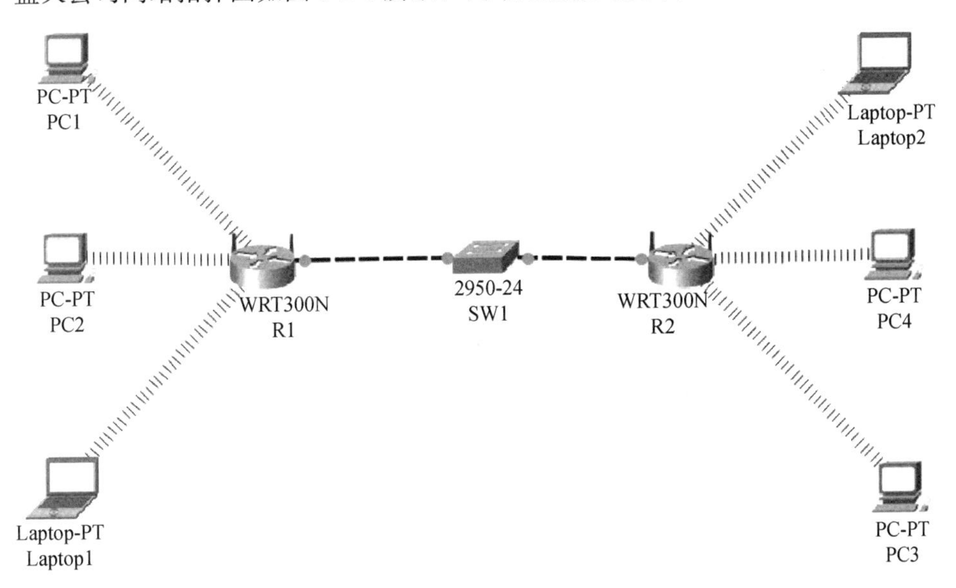

图 9-1-1　蓝天公司网络拓扑图

表 9-1-1　网络地址规划

设备名称	SSID	IP 地址	备注
R1	caiwu	\	开启无线路由 DHCP
R2	xiaoshou	\	开启无线路由 DHCP
PC1	caiwu	\	
PC2	caiwu	\	
Laptop1	caiwu	\	

续表

设备名称	SSID	IP 地址	备注
PC3	xiaoshou	\	
PC4	xiaoshou	\	
Laptop2	xiaoshou	\	

【知识准备】

一、无线路由器

无线路由器是用于用户上网、具有无线覆盖功能的路由器。无线路由器可以看作一个转发器，将家中有线网络信号通过天线转发给附近的无线网络设备（笔记本电脑、支持 Wi-Fi 的手机、平板以及所有带有 Wi-Fi 功能的设备）。

二、无线访问接入点（Wireless Access Point）

无线访问接入点用于无线网络的无线交换机，也是无线网络核心。无线 AP 是移动计算机用户进入有线网络接入点，主要用于宽带家庭、大楼内部以及园区内部，可以覆盖几十米至上百米。无线访问接入点（又称会话点或存取桥接器）是一个包含很广的名称，它不仅包含单纯性无线接入点（无线访问接入点），同样也是无线路由器（含无线网关、无线网桥）等类设备的统称。

【任务实施】

一、配置 R1 和 R2 无线路由器

1. 需要开启无线路由器 DHCP 服务器，并保存，如图 9-1-2 所示。

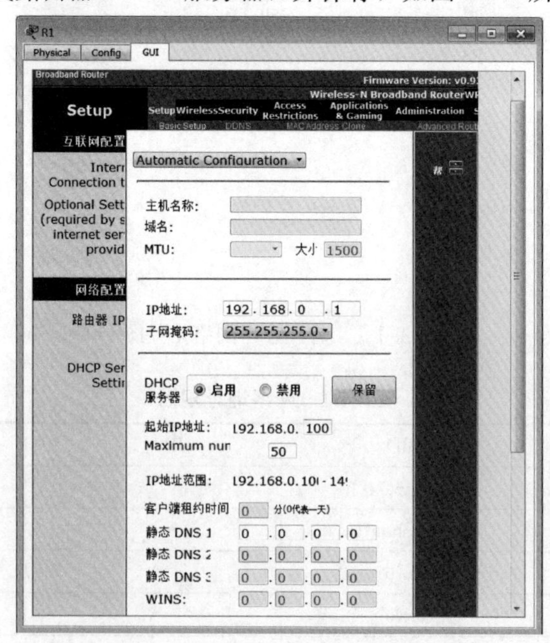

图 9-1-2　R1 无线路由器启用 DHCP

2. 进入无线设置，单击 Wireless 进入无线设置，网络名称（SSID）修改为财务部门 caiwu 并保存，如图 9-1-3 所示，销售部门无线路由修改为 xiaoshou，销售部门修改 SSID 截图省略。

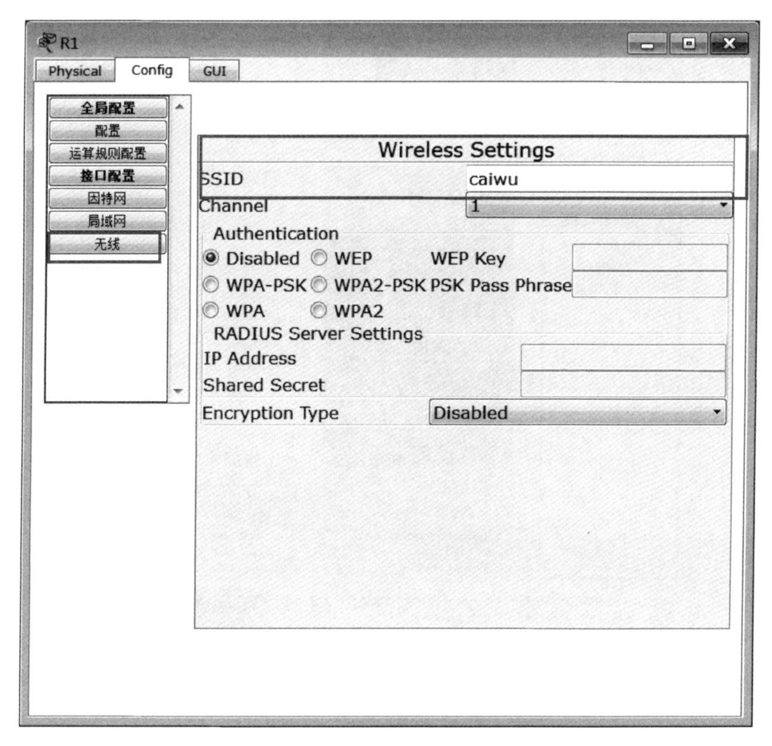

图 9-1-3　设置无线路由器 SSID

R2 无线路由器配置信息省略（R2 无线路由器需要关闭 DHCP）。

二、配置 PC1、PC2、PC3、PC4、Laptop1、Laptop2

1. 思科模拟器 PC 机添加无线网卡，如图 9-1-4 所示：

（1）按计算机电源开关关闭计算机；

（2）计算机下部以太网卡拖至右下角删除；

（3）将无线网卡拖至原以太网卡位置；

（4）按计算机电源开启计算机。

PC2、PC3、PC4 添加无线网卡省略。

2. 连接无线无路由器。设置计算机的 Wireless 的 SSID，确保 PC1、PC2 和 Laptop1 的并添加无线网卡，并修改 SSID 为 caiwu。

思科模拟器 Laptop 添加无线网卡，如图 9-1-5 所示：

（1）按计算机电源开关关闭计算机；

（2）Laptop 下部以太网卡拖至右下角删除；

（3）将无线网卡拖至原以太网卡位置；

（4）按计算机电源开启计算机。

Laptop2 添加无线网卡省略。

图 9-1-4　PC1 添加无线网卡

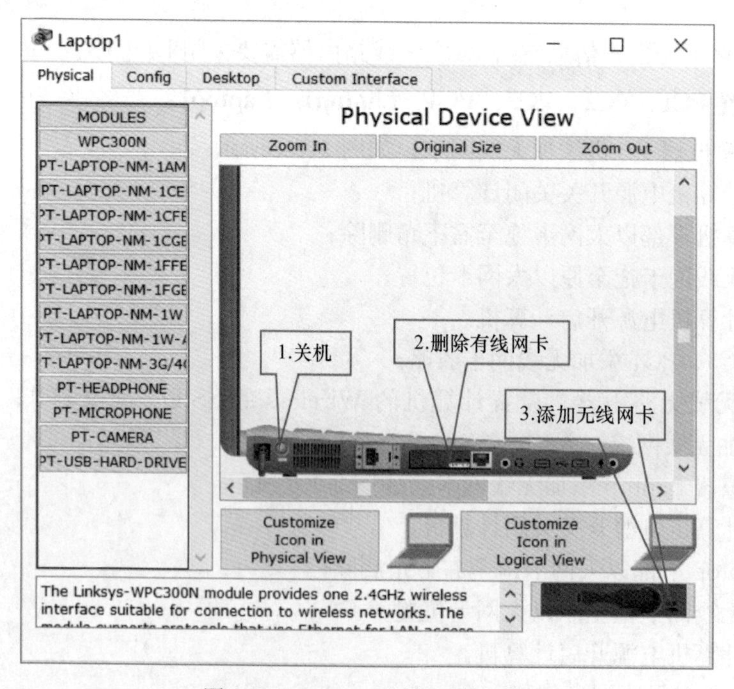

图 9-1-5　Laptop1 添加无线网卡

PC1 设置 Wireless 的 SSID 为 caiwu，如图 9-1-6 所示。

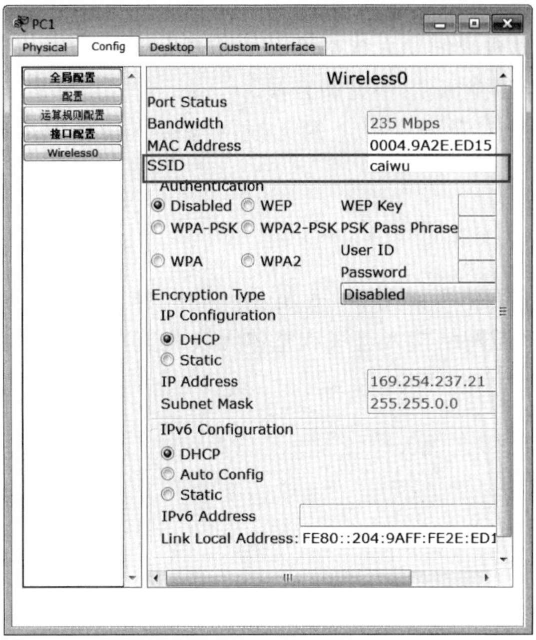

图 9-1-6　设置 PC1 的 SSID

PC2、PC3、PC4、Laptop1、Laptop2 设置 Wireless 的 SSID 省略。

三、验证测试

验证 PC1、PC2、PC3、PC4、Laptop1、Laptop2 能否正常获取 IP 地址，PC1 的测试结果如图 9-1-7 所示。

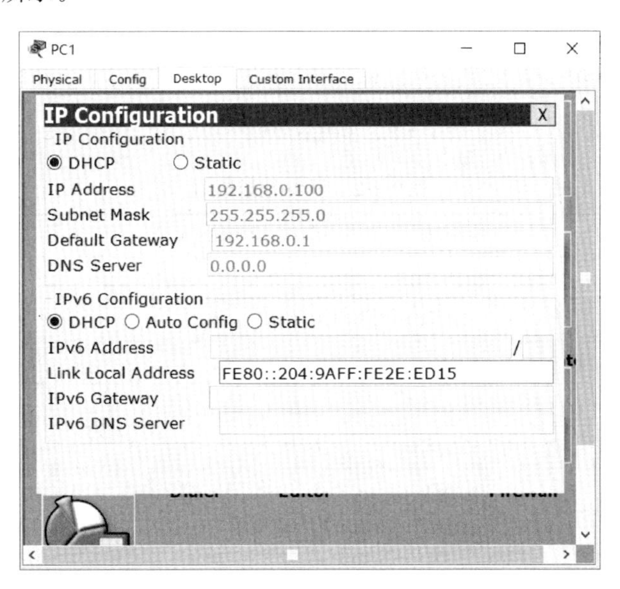

图 9-1-7　PC1 的测试结果

PC2、PC3、PC4、Laptop1、Laptop2 的测试结果省略。

【任务小结】

1. 在模拟器中计算机要使用无线网络必须添加无线网卡。

2. 无线网络在现实组网应用中更加方便。

3. 网络中存在两个或者两个以上的无线网络接入设备时，计算机要正确选择接入点。

【拓展练习】

小王所在公司局域拓扑图如图 9-1-8 所示，根据表 9-1-2 网络规划，根据业务财务部门和销售部门办公区域网络接入有线和整体无线覆盖，保障手机、笔记本电脑都能移动办公。

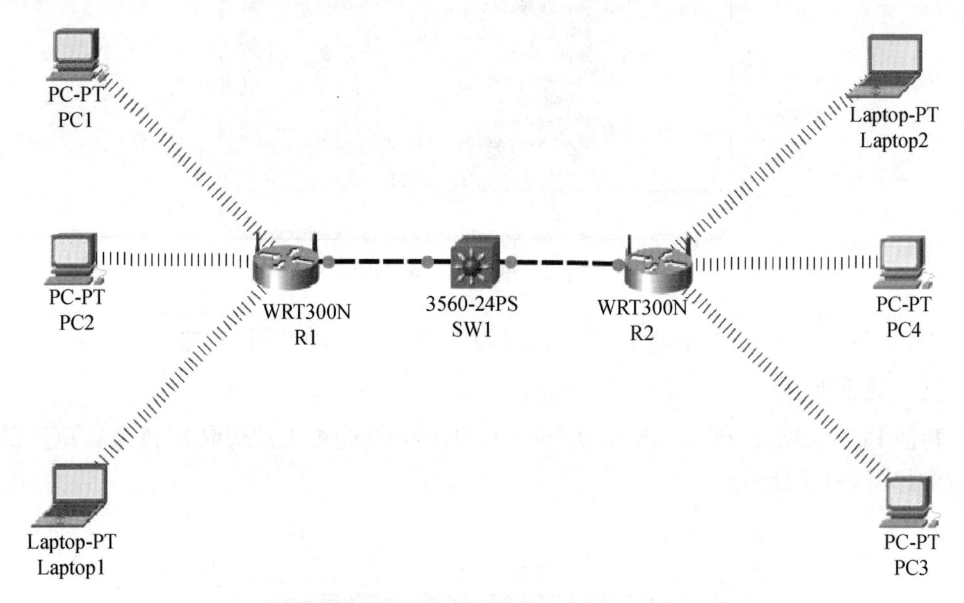

图 9-1-8　小王公司网络拓扑图

表 9-1-2　网络地址规划

设备名称	SSID	IP 地址	备注
R1	caiwu	\	开启无线路由 DHCP
R2	xiaoshou	\	开启无线路由 DHCP
PC1	caiwu	\	
PC2	caiwu	\	
PC3	xiaoshou	\	
PC4	xiaoshou	\	
Laptop1	caiwu	\	
Laptop2	xiaoshou	\	

任务二　无线网互联

【任务描述】

蓝天公司在局域网组建过程中，根据业务需求组建有线局域网并且部署无线覆盖。蓝天公司网络拓扑图如图 9-2-1 所示，网络地址规划见表 9-2-1。

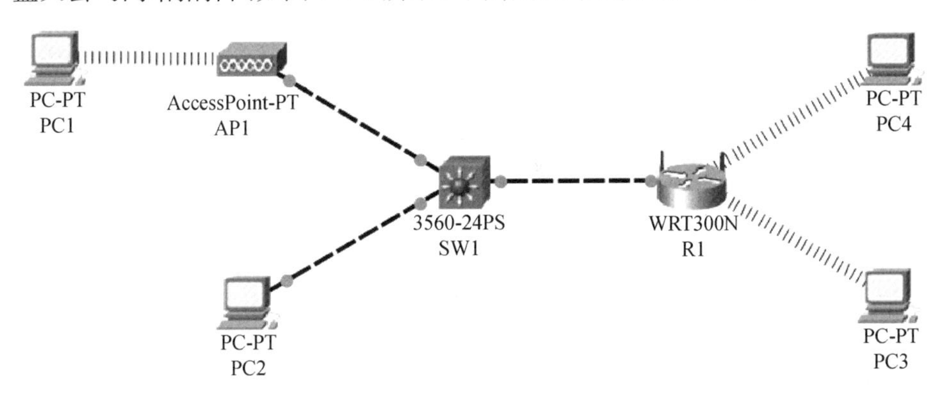

图 9-2-1　蓝天公司网络拓扑图

表 9-2-1　蓝天公司无线网络地址规划

设备/vlan	SSID	IP 地址	备注
SW1	\	\	
AP1	caiwu	\	
R1	xiaoshou	\	
PC1	caiwu	192. 168. 30. 2/24	
PC2		192. 168. 10. 2/24	
PC3	xiaoshou	192. 168. 20. 2/24	
PC4	xiaoshou	192. 168. 20. 3/24	
Laptop1	caiwu	\	
Laptop2	xiaoshou	\	
vlan10	F0/3	192. 168. 10. 1/24	192. 168. 10. 1
vlan20	F0/2	192. 168. 20. 1/24	192. 168. 20. 1
vlan30	F0/1	192. 168. 30. 1/24	192. 168. 30. 1

【知识准备】

WLAN 是 Wireless Local Area Network 的简称，指应用无线通信技术将计算机设备互联起来，构成可以互相通信和实现资源共享的网络体系。

【任务实施】

一、配置核心交换机

1. 配置交换机 SW1

```
Switch>en
Switch#conf t
Switch (config) #vlan 10
Switch (config-vlan) #vlan 20
Switch (config-vlan) #vlan 30
Switch (config-vlan) #exit
Switch (config) #int vlan 10
Switch (config-if) #ip add 192.168.10.1 255.255.255.0
Switch (config-if) #int vlan20
Switch (config-if) #ip add 192.168.20.1 255.255.255.0
Switch (config-if) #int vlan30
Switch (config-if) #ip add 192.168.30.1 255.255.255.0
Switch (config-if) #exit
Switch (config) #ip dhcp pool vlan10                          ! vlan10 配置 dhcp
Switch (dhcp-config) #network 192.168.10.0 255.255.255.0      ! 设置网络地址段和子网掩码
Switch (dhcp-config) #default-router 192.168.10.1             ! 设置网关
Switch (dhcp-config) #dns-server 8.8.8.8                      ! 设置 DNS
Switch (dhcp-config) #exit
Switch (config) #int F0/3
Switch (config-if) #switchport  mode access
Switch (config-if) #switchport access vlan 10
Switch (config-if) #end
Switch#wr
Building configuration…
[OK]
```

2. vlan20 划分给无线路由器

```
Switch#conf t
Switch (config) #int F0/2
Switch (config-if) #switchport mode access
Switch (config-if) #switchport access vlan 20
Switch (config-if) #exit
Switch (config) #ip dhcp pool vlan20
Switch (dhcp-config) #network 192.168.20.0 255.255.255.0
Switch (dhcp-config) #default-router 192.168.20.1
Switch (dhcp-config) #dns-server 8.8.8.8
Switch (dhcp-config) exit
```

3. vlan30 划分给无线 AP 接入网络

```
SW1#conf t
SW1 (config) #int F0/1
SW1 (config-if) #switchport mode access
SW1 (config-if) #switchport access vlan 30
SW1 (config) #ip dhcp pool vlan30
SW1 (dhcp-config) #network 192.168.30.0 255.255.255.0
SW1 (dhcp-config) #default-router 192.168.30.1
SW1 (dhcp-config) #dns-server 8.8.8.8
SW1 (dhcp-config) exit
```

4. 核心交换机开启路由功能，各 vlan 之间相互访问

```
SW1>en
SW1#conf t
SW1 (config) #ip routing                    ! 开启路由功能，各 vlan 之间相互访问
SW1 (config) #exit
```

二、配置无线路由器 R1 和 PC1、PC2、PC3、PC4

1. 无线路由器配置

核心交换机连接无线路由器（WRT300N），无线路由器设置如下：

（1）因核心交换机 vlan20 配置了 DHCP，需要关闭无线路由器（WRT300N）DHCP 服务器，并保存，如图 9-2-2 所示。

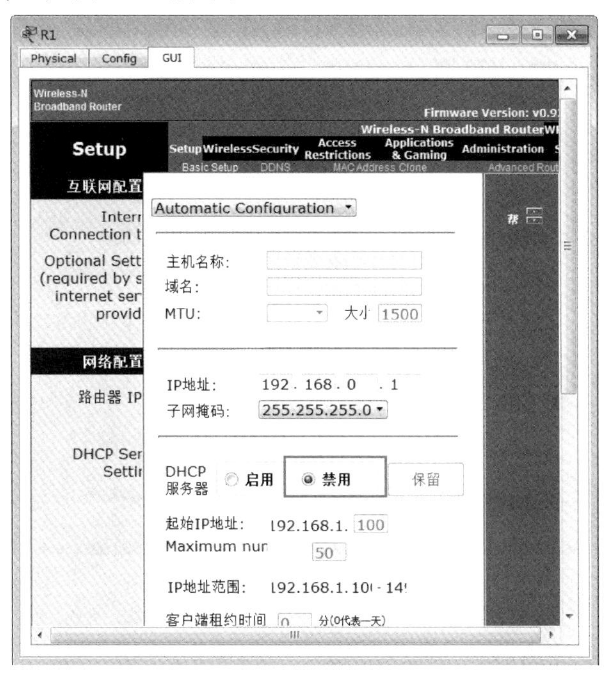

图 9-2-2 禁用无线路由器 DHCP

（2）进入无线设置，单击 Wireless 进入无线设置，网络名称（SSID）修改为 xiaoshou 并保存，如图 9-2-3 所示。

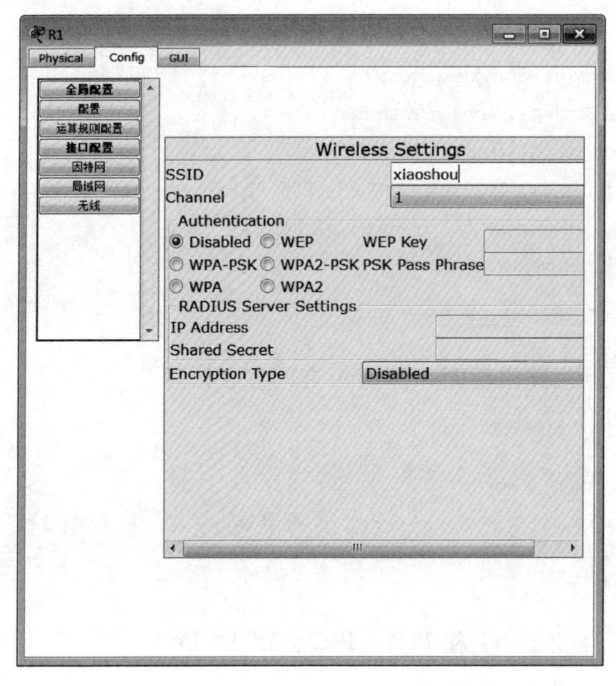

图 9-2-3　修改 R1 的 SSID

2. 配置无线 AP。

设置无线 AP 的 SSID 为 caiwu，如图 9-2-4 所示。

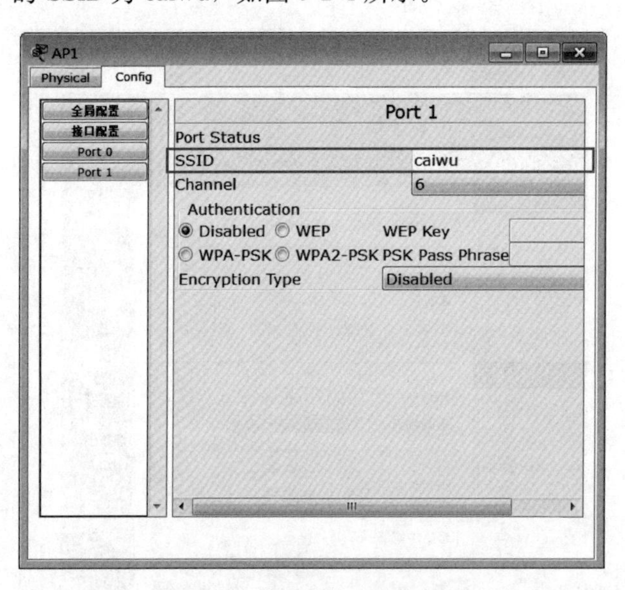

图 9-2-4　设置无线 AP 的 SSID

3. 电脑连接无线路由器和 AP。

分别在 PC1、PC3、PC4 上设置 SSID，PC1 的设置结果如图 9-2-5 所示。

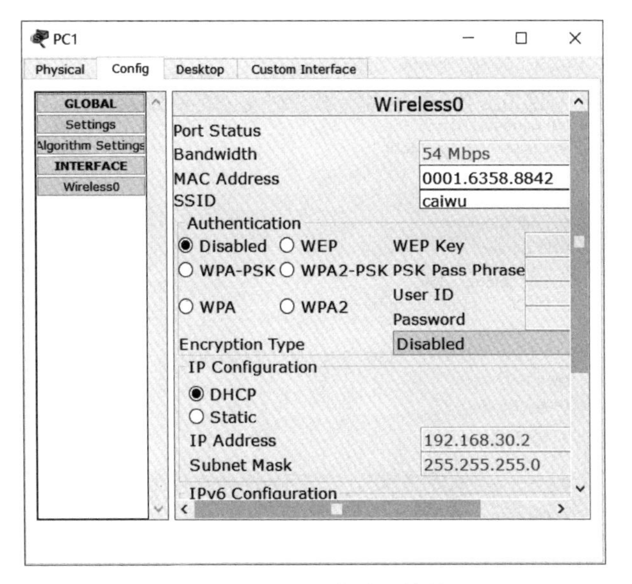

图 9-2-5　PC1 的设置结果

PC3、PC4 的设置信息省略。

三、验证配置信息

验证 PC1、PC3、PC4 无线连接。

1. PC1 获取到 vlan30 地址段 IP 地址，如图 9-2-6 所示。

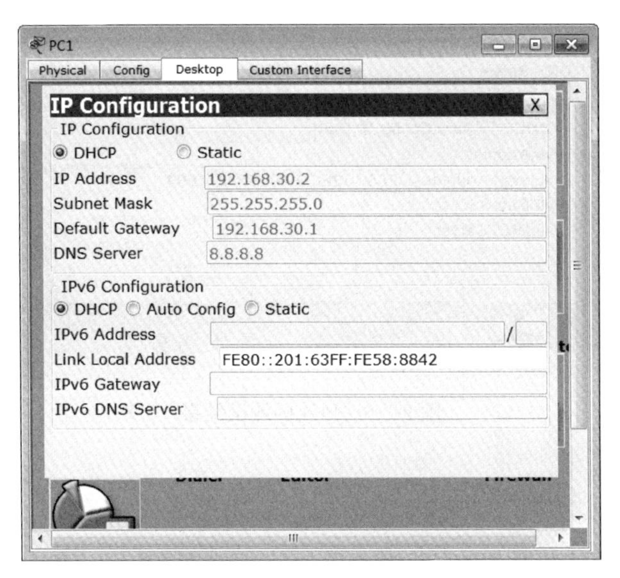

图 9-2-6　PC1 的测试结果

2. PC3 获取到 vlan20 地址段 IP 地址，如图 9-2-7 所示。

3. PC4 获取到 vlan10 的 IP 地址，如图 9-2-8 所示。

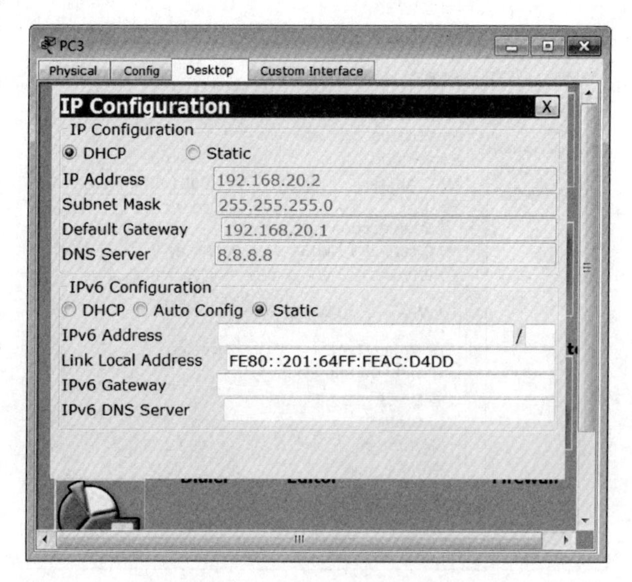

图 9-2-7　PC3 的测试结果

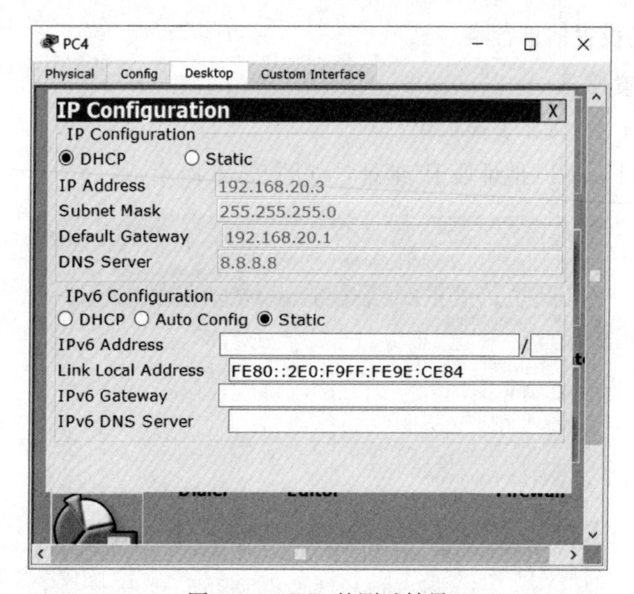

图 9-2-8　PC4 的测试结果

【任务小结】

1. DHCP（动态主机配置协议）是一个局域网的网络协议，它指的是由服务器控制一段 IP 地址范围，客户机登录服务器时就可以自动获得服务器分配的 IP 地址和子网掩码。

2. 有线和无线混合组网。

3. 在模拟器中计算机要使用无线网络必须添加无线网卡。

4. 无线网络在现实组网中应用更加方便。

【拓展练习】

小王所在的公司无线网络拓扑图如图 9-2-9 所示，根据表 9-2-2 分别创建不同的 VLAN 并配置 DHCP，并设置无线路由和 AP 保障公司各办公室无线上网。

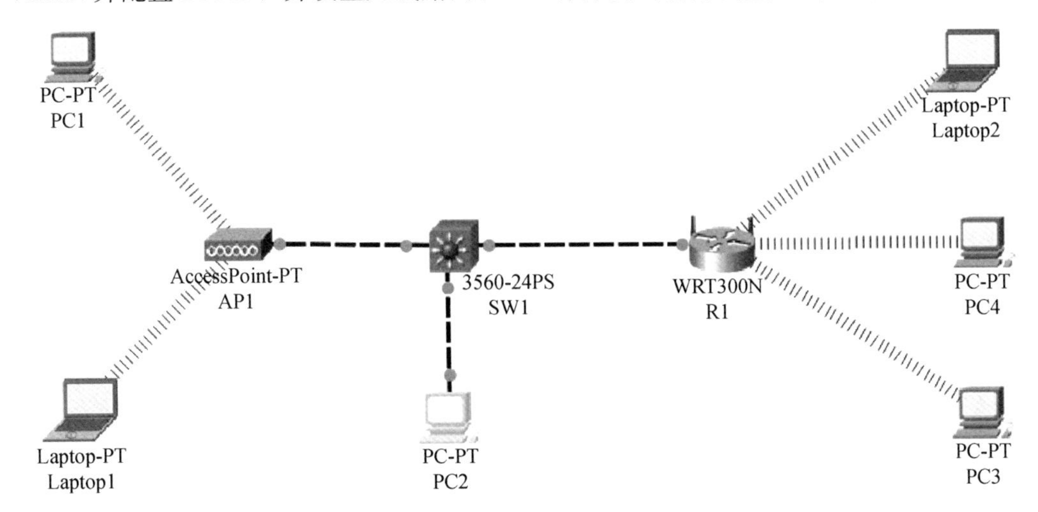

图 9-2-9 小王公司网络拓扑图

表 9-2-2 小王公司无线网络设备信息

设备名称	SSID	IP 地址	备注
SW1	\	\	
无线 AP	AP1	\	
无线路由器	R1	\	
PC1	AP1	172.16.3.2/24	
PC2	\	172.16.1.2/24	有线电脑
PC3	router	172.16.2.2/24	
PC4	router	172.16.2.3/24	
Laptop2	router	172.16.2.4/24	
Laptop1	AP1	172.16.3.3/24	

练习题

一、选择题

1. 可扩展认证协议为 IEEE802.11i 中的核心的用户审核机制，其缩写为（　　）。

A. WPA　　B. EAP

C. PAD　　D. EDI

2. 由于无线通信过程中信号强度太弱、错误率较高，无线客户端切换到其他无线 AP 的信道，这个过程称为（　　）。

A. 关联　　B. 重关联

C. 漫游　　D. 负载平衡

3. 无线局域网 WLAN 传输介质是（　　）。

A. 无线电波　　B. 红外线

C. 载波电流　　D. 卫星通信

4. 无线局域网网技术相对于有线局域网的优势有（　　）。

A. 可移动性　　B. 临时性

C. 降低成本　　D. 传输速度快

二、简答题

1. 何谓无线局域网络 WLAN。

2. WLAN 技术的优势是什么？

参考文献

[1] 肖学华．网络设备管理与维护实训教程 [M]．北京：科学出版社，2011.
[2] 李畅，刘志成，张平安．网络互联技术 实践篇 [M]．北京：人民邮电出版社，2017.
[3] 斯桃枝．路由与交换技术实验及案例教程 [M]．北京：清华大学出版社，2018.